AF309253

L'HISTOIRE

DE

L'ASTRONOMIE

DANS SES RAPPORTS AVEC LA RELIGION

PAR

FRÉDÉRIC DE ROUGEMONT

———⁂———

PARIS

LIBRAIRIE FRANÇAISE ET ÉTRANGÈRE

25, RUE ROYALE-SAINT-HONORÉ

—

1865

L'HISTOIRE DE L'ASTRONOMIE

DANS SES RAPPORTS AVEC LA RELIGION

VERSAILLES. — IMPRIMERIE CERF, 59, RUE DU PLESSIS.

PRÉFACE

Voici, en quelques lignes, la longue histoire de ce petit écrit.

J'étais parti de ma ville natale pour l'Allemagne, avec l'intention d'y faire mes études de droit. Mais l'histoire avait pour moi un tel attrait qu'elle me détournait constamment de la jurisprudence, et que je me laissai captiver par les leçons où K. Ritter expliquait, au moyen de la géographie, les destinées des nations et de l'humanité. De retour dans ma patrie, l'étude de la terre me conduisit à celle des cieux, sans laquelle j'aurais dû laisser de grandes lacunes dans cette histoire du monde qui était alors déjà le rêve de ma vie. En 1831 et 1832, je passai dix-huit mois à recueillir tout ce que l'on savait alors de la physique des astres. Je lus, la plume à la main, les écrits de Cassini, de Laplace et de Bode, l'*Histoire* et les *Mémoires de l'Académie royale des Sciences*, la *Bibliothèque universelle et britannique* de Genève, les *Annuaires* d'Arago, surtout les dissertations de W. Herschel et les ouvrages de Schrœter. Ces études excitèrent en moi un si vif intérêt, et tous les manuels d'astronomie qui me passaient par les mains, étaient si incomplets, que je ne sus pas résister à la tentation de rédiger mes notes et de composer un

Traité d'Astronomie physique, de plus de quatre cents pages. Il était à peu près terminé quand Struve, et plus tard Sir J. Herschel, publièrent leurs observations sur les étoiles multiples, Beer et Maedler leurs travaux sur la lune. J'abandonnai mon ouvrage, qui n'était plus au niveau de la science, et me bornai à me tenir au courant des découvertes nouvelles, que Humboldt a, bientôt après, résumées dans son *Cosmos*. En 1845, revenant à mon plan primitif, dont je n'aurais pas dû m'écarter, je fondis mon manuscrit tout entier dans les brefs chapitres des *Deux Cités*, qui traitent de la création des astres et de celle du système solaire.

Cependant, comme toutes mes études se rapportaient, en dernière analyse, à l'histoire, et que l'histoire de l'humanité est celle de ses religions, je n'avais pu m'occuper d'astronomie sans chercher à me rendre compte des phases qu'a traversées cette science, et, en particulier, de ses étranges relations avec l'idolâtrie, le mosaïsme et le christianisme. J'abordai ainsi les questions où l'astronomie prête des armes à l'incrédulité contre notre foi. Derham, dans sa *Théologie astronomique* (traduite de l'anglais sur la cinquième édition, en 1729), me transporta au temps du déisme où l'on évitait de toucher aux croyances vitales de la révélation, et se bornait à démontrer l'existence de Dieu par l'ordre qui règne dans la nature. Tel est encore le point de vue de M. Whewell dans celui de ses écrits qui fait partie de la collection de *Bridgewater*. Chalmers a pénétré plus au vif dans ses *Discours sur la révélation chrétienne considérée en harmonie avec l'astronomie moderne* (traduit de l'anglais sur la sixième édition,

Paris, 1821). Mais il y a loin encore de Chalmers à G.-H. de Schubert, qui, dans son ouvrage sur *les Étoiles fixes et le Monde primitif* (en allemand, 1822) et dans ses *Traités de Cosmologie* (1823) et *d'Astronomie* (1832), a popularisé en Allemagne les découvertes de W. Herschel, mis en relief les contrastes qu'offre le système solaire avec les amas d'étoiles, exposé des vues toutes nouvelles sur la structure du monde, et recherché dans toutes les directions les chiffres rhythmiques de la nature. Dans le même temps et dans le même esprit, W. Pfaff, professeur à Erlangen et le traducteur des dissertations d'Herschel, publiait un écrit fort curieux : *l'Homme et les Étoiles* (1834, en allemand).Plus tard, le professeur de théologie, M. Kurtz, à Mitau, résumait les pensées de Pfaff et de Schubert dans *la Bible et l'Astronomie* (deuxième édition, 1849, en allemand), vrai chef-d'œuvre de science religieuse et de science profane, et tout récemment M. Keerl, pasteur à Leutershausen (dans le Palatinat Badois), a traité ce même sujet dans son livre : *l'Homme, image de Dieu* (1861, en allemand). S'il est vrai de dire que Schubert a fait école dans sa patrie, je réclame l'honneur de compter parmi ses disciples.

C'est sous son influence que je rédigeai, en 1855, *l'Astronomie et la Révélation*, qui devait paraître en même temps que l'*Histoire de la Terre*. C'était, sous une forme historique, un traité d'apologétique. Il contenait en quelque sorte les pièces à l'appui des chapitres astronomiques des *Deux Cités*, le plan que je me suis tracé dans cette philosophie de l'histoire, excluant toute polémique et toute discussion. J'allais envoyer mon manuscrit à l'éditeur, quand un fidèle et courageux ami, à la critique duquel je l'avais soumis, m'en fit toucher au doigt les incohérences. Ces feuilles allèrent, quelque peu confuses, se cacher dans le plus obscur réduit, où elles ont dormi d'un paisible sommeil pendant les huit ou neuf ans d'attente qu'Horace prétend imposer à tous les livres.

Si elles sont sorties de leur retraite, c'est que je viens de refaire une dernière fois mes études astronomiques, avec l'aide de Humboldt, de Maedler, de Littrow, de sir John Herschel et d'Arago, et de refondre complètement les chapitres des *Deux Cités* sur le monde des étoiles fixes. Ce travail m'a naturellement conduit à remettre aussi sur le chantier *l'Astronomie et la Révélation*. Cet opuscule a été retravaillé, abrégé, corrigé, complété, et au lieu de viser à démontrer l'harmonie qui devrait exister entre la science et le christianisme, il raconte simplement les relations de naïve union, de neutralité et de guerre dans lesquelles l'astronomie a vécu avec les religions vraies et fausses qui se sont succédé depuis l'origine de l'humanité jusqu'à nos temps.

Puisse ce petit écrit, sous sa forme nouvelle, concourir indirectement à la gloire de Dieu !

FR. DE ROUGEMONT.

Neuchâtel, 21 mars 1864.

L'HISTOIRE DE L'ASTRONOMIE

DANS SES RAPPORTS AVEC LA RELIGION

INTRODUCTION

La religion, faisant appel tout à la fois à la volonté, au sentiment et à l'intelligence, met notre âme entière en relation vivante avec la Divinité, qui est éternelle et invisible. L'astronomie, au contraire, comme toutes les sciences, ne s'adresse qu'à la raison, et, comme les sciences mathématiques et physiques, elle étudie la matière, la nature, les corps célestes. L'astronomie et la religion se meuvent chacune dans des sphères séparées, et n'ont aucun point de contact immédiat. Peu importe à l'homme de foi que les étoiles soient des clous d'or fichés dans la voûte céleste ou des soleils, que la terre soit ronde ou carrée, qu'elle occupe le centre de notre système ou qu'elle soit une simple planète, qu'on la voie ou non depuis les étoiles fixes; et peu importe aussi, je ne dis pas à l'astronome lui-même, mais à l'astronomie, qui a raison des chrétiens, des déistes, des panthéistes, des athées. Par son irréprochable méthode d'induction, cette science constate, explique, généralise et coordonne les faits que lui donne à connaître le télescope; nul n'a le droit de la troubler dans ses travaux, et les résultats auxquels elle arrive, étant d'une inébranlable exactitude, ne peuvent subir le contrôle d'aucune autorité étrangère. Mais la religion aussi a sa méthode irréprochable, celle de l'expérience intime, et la certitude qu'on acquiert par cette voie, de la réalité du monde invisible et divin, ne le cède pas de la largeur d'un cheveu à celle qu'un Laplace peut avoir des lois du système solaire.

Cependant, si la sphère de la foi est distincte de celle des astres, elles ne peuvent être entièrement isolées; car l'esprit humain a, par son essence, le plus impérieux besoin d'unité, et s'il existait par aventure la moindre contradiction entre ses connaissances positives et ses croyances, il ne pourrait la supporter. Mais il ne lui est pas difficile d'établir une heureuse harmonie entre deux ordres de faits et d'idées aussi indépendants l'un de l'autre. Il lui suffit, à tout bien considérer, que l'astronomie retrouve dans les cieux créés par le Dieu qu'il adore, la toute-puissance, la sagesse et la bonté que Dieu doit manifester nécessairement dans toutes ses créations. Le ciel où nous plaçons la Divinité et les anges, est un espace invisible où les télescopes ne peuvent atteindre. Si nous pouvons désirer qu'il y ait une certaine analogie entre la place que la terre occupe dans le monde physique, et le rôle que notre religion assigne à l'homme dans le monde spirituel, encore est-il évident que notre dignité morale ne dépend nullement du plus ou moins grand nombre de kilo-

mètres que comprend notre patrie. Enfin, si la religion
nous donne, par voie de révélation, certains enseignements sur les origines et sur le sort futur des corps célestes, l'astronome ne peut les constater : *borné*, de son
propre aveu, *aux faits actuels et aux temps présents*, il
est hors d'état *de faire revivre le passé et d'anticiper sur
l'avenir* (1).

Mais l'erreur, fruit du péché, règne dans l'humanité
depuis son berceau, et il n'est pas de sciences dont l'histoire soit plus humiliante pour notre race, que celle de
l'astronomie. Cette science s'est laissé tromper par les
apparences jusqu'aux temps modernes. Elle a cru en
aveugle le témoignage des sens, si cher aux matérialistes, et les sens l'ont induite dans toutes les erreurs
possibles sur les mouvements des corps célestes, leurs
relations, leurs grandeurs et leurs distances. Elle ne
pouvait pas se persuader que, science d'observation, elle
devait fermer les yeux aux choses visibles pour les voir
dans leur réalité, n'écouter que les voix intérieures de
son intelligence qui protestaient au nom de l'harmonie
et de Dieu même contre les désordres des phénomènes,
et croire à l'invraisemblable, à *l'absurde*, pour parvenir
à la vérité. Mais aussitôt qu'elle a fait cet acte de courage et de foi, le plus magnifique spectacle s'est déroulé
devant ses calculs et devant ses télescopes, et elle parcourt aujourd'hui des yeux et de la pensée des espaces
et des mondes qui dépassent toute imagination.

Cependant toutes les nations, Israël excepté, se dé-

(1) J. Herschel, *Discours sur l'étude de la Philosophie naturelle*,
1834, p. 294.

tournaient du vrai Dieu et adoraient une foule de fausses déités, parmi lesquelles les astres occupaient le premier rang, et au sein de l'Église qui avait pris la place d'Israël, un clergé ignorant et aveugle couvrait du manteau de l'autorité divine le système erroné de Ptolémée. L'idolâtrie et l'Église de Rome ont ainsi fait, l'une et l'autre, alliance avec la fausse science, et lorsque la vraie astronomie a fait son apparition dans la Grèce païenne et dans l'Europe chrétienne, il y a eu conflit entre elle et la religion, ou du moins le sacerdoce.

Voici quelles ont été, dans le cours des siècles, les relations de l'astronomie et de la religion :

1. Au temps du monde primitif, union naïve et inconsciente, prélude et prophétie de leur union finale.

2. Dans la haute antiquité, chez les peuples idolâtres, confusion absolue aboutissant à l'astrologie, et, chez les Hébreux, distinction normale et irréprochable.

3. Dans la Grèce païenne, la philosophie, après vingt efforts inutiles, découvre le vrai système du monde; mais elle recule devant le martyre dont la menace la religion nationale, et se tait. La science des observations, qui se fonde à Alexandrie, ne tient aucun compte de la grande découverte de la philosophie, et Ptolémée, avec son astronomie géocentrique et ses écrits astrologiques, clot l'histoire de l'antiquité.

4. L'astronomie de Ptolémée se perpétue avec l'astrologie à travers tout le moyen-âge, et chez les peuples chrétiens et chez les peuples mahométans.

5. Au xvie siècle reparaît en Occident le système héliocentrique avec Copernic et Galilée. L'Église romaine le déclare hérétique par une sentence dont le retentis-

sement remplit encore toute l'Europe, et se voit convaincue d'erreur par Képler et Newton. Bientôt après, le déisme, profitant d'hypothèses erronées sur la pluralité des mondes, s'attaque à la révélation chrétienne elle-même. Enfin, le créateur de l'astronomie sidérale, sir W. Herschel, a préparé la réconciliation finale de l'astronomie et de la religion, à laquelle Schubert et M. Kurtz ont déjà mis la première main.

I

Le Monde primitif.

En comparant entre elles les traditions de tous les peuples, on peut se convaincre (1) que l'humanité primitive connaissait le seul vrai Dieu, qui s'était révélé à elle comme le créateur de la terre et des cieux, et comme le Seigneur, le juge et le Sauveur de la race d'Adam. Si le culte de l'Éternel s'était perdu chez les Caïnites, qui étaient tombés par l'adoration du soleil et des héros dans l'athéisme, les Sethites et après eux les Noachides, restés fidèles à la religion révélée, rendaient gloire et grâces à Dieu selon les rites de la vie patriarcale, sans prêtres et sans temples, sous la voûte des cieux, au pied d'autels dressés sans doute sur les hauts lieux. Les seuls dogmes de leur religion étaient la création du monde en six jours et la promesse d'un fils de la femme qui briserait la tête du serpent.

Les Sethites avaient fondé l'astronomie, comme ils avaient aussi inventé l'écriture. Leur astronomie comprenait, d'une part, le strict nécessaire, le calendrier, sans lequel l'homme ne peut savoir avec exactitude ni l'époque convenable pour les divers travaux de l'agricul-

(1) C'est du moins ce que j'ai tenté de prouver dans les trois volumes du *Peuple primitif*.

ture, ni le retour des sabbats et des fêtes religieuses, et, d'autre part, un vrai luxe de périodes basées bien moins sur l'observation des mouvements des astres, que sur le symbolisme aventureux des nombres.

Le plus parfait accord régnait entre les croyances de la primitive humanité et ses connaissances astronomiques et physiques. C'était l'âge heureux de l'enfance où l'on ignore le doute, où l'on ne se doute pas de tout ce qu'on ignore, et où l'on se réjouit en une pleine paix du peu qu'on croit savoir. L'univers, à peine sorti des mains du Créateur, formait aux yeux de l'homme un tout dont les dimensions étaient fort étroites, et dont les différentes parties tenaient par des liens intimes les unes aux autres.

Au centre du monde physique était suspendue sur le vide et supportée par la toute-puissance de Dieu (1), la terre, immobile, autour de laquelle les cieux tournent en vingt-quatre heures. Au-dessous de la terre-ferme s'étendent d'immenses *abîmes*, dont les eaux sont sans doute les restes du chaos, et qui, par leur rupture, ont été la principale cause du déluge (2). Au-dessus de la terre il y a trois cieux : celui des oiseaux, c'est-à-dire de notre atmosphère, des nuées, des pluies, des vents, des tempêtes ; celui du soleil, de la lune et des planètes, qui, lors du quatrième jour cosmogonique, ont été placés dans ces espaces vides que Dieu avait formés au deuxième jour par la séparation des eaux, et enfin les cieux des étoiles de l'aurore des temps, des anges et de

(1) Job, 26, 7. *P. Prim*, I, p. 251, 265.
(2) Gen. 7, 11. *Histoire de la Terre*, p. 123.

Dieu. Il paraît cependant que les patriarches, dans leur
profond respect pour la Divinité, faisaient du troisième
ciel deux cieux distincts : celui des étoiles fixes, et la
sphère invisible où demeuraient les intelligences qui se
dérobent à nos regards (1). De la terre, qui est en bas,
les trois cieux conduisent en haut, comme par autant
de degrés, jusqu'au trône de Dieu, et cette échelle offre,
depuis les corps terrestres, lourds et grossiers, aux intelligences célestes une série d'êtres de plus en plus
légers, purs et subtils.

Dans le monde des êtres spirituels et libres, les anges, qui peuplent le troisième ciel, sont les messagers
de l'Eternel et ses humbles et fervents adorateurs. Im-
mortels, ils vivent dans la lumière et la joie, et ne sont
point exposés à pécher et à souffrir. Dans la profondeur
sont les âmes des géants antédiluviens, qu'en punition
de leurs crimes, les flots du cataclysme universel ont
entraînés dans les abîmes souterrains, et qui sont comme
prisonniers dans le Schéol, où vont les rejoindre les
ombres des Noachides (2). Sur la terre centrale, qui lui
est assujettie, est l'homme, créé à l'image de Dieu et
appelé à de sublimes destinées. Mais il a été séduit par
le serpent ancien, et il se trouve placé entre les ombres,
les enfers, les ténèbres et la mort sous ses pieds, la vie
immortelle et la lumière sur sa tête. Comme le serpent
et ses anges se sont donnés tout entiers au mal, et les
anges des cieux, tout entiers au bien, seul l'homme lutte

(1) Gen. 1; Job, 38, 1; *P. Prim.* I, p. 442; *Histoire de la Terre*,
p. 65.
(2) *P. Prim.* II, p. 318 et suiv.

contre le péché qui le fait mourir; seul il combat pour
sauver son âme et obtenir la vie divine.

Le monde moral présente une analogie parfaite avec
le règne de la nature. Ici, tout se rapporte à la terre :
c'est pour l'éclairer, pour la féconder, pour donner à
ses habitants la mesure des temps, que Dieu a placé
dans le firmament les deux grands luminaires du jour
et de la nuit, le soleil et la lune (1). Là, tout se rapporte
à l'homme : c'est l'habitant de la terre sur qui se con-
centrent les regards des anges, et qui est le principal
objet de la sollicitude de Dieu, de sa miséricorde et de
sa justice. L'univers est ainsi comme une double famille
qui habite un édifice ingénieusement construit, et que
Dieu récompense et châtie, illumine, bénit et sauve.

Ce système du monde est, à la fois, très-vrai par les
idées instinctives et confuses qui en forment la char-
pente, et très faux par les faits dont il est construit. Il
est faux que la terre soit immobile au centre du monde.
Mais il est vrai que le monde est un organisme qui a
une région centrale, et dont tous les membres sont
étroitement liés les uns aux autres. A ce point de vue
il y a plus de vérité dans le système géocentrique du
monde primitif que dans le chaos cartésien de la pluralité des mondes. Il est faux que la matérialité des corps
diminue de la terre aux étoiles fixes. Mais il est vrai
que la densité décroît de Mercure à Uranus, et très-
vraisemblable qu'elle diminue pareillement, dans les limites de notre voie lactée, des astres de sa région centrale à ceux de sa circonférence. Il est faux que des

(1) Gen. 1, 14.

deux parties du monde, les cieux soient seuls la demeure de Dieu; car Dieu est présent partout; faux qu'il
y ait un *ici-bas* qui soit en dehors du ciel, et un *là-haut*
qui n'ait pas ses terres; car la terre est un astre. Mais
il est vrai que l'homme issu d'Adam et formé d'argile
est, pour un temps du moins, inférieur aux intelligences célestes; que, le péché étant survenu et Dieu n'étant
pas où est le péché, notre terre actuelle ne peut être la
demeure de Dieu, et que l'opposition entre le ciel et la
terre, le bas et le haut ne prendra fin que lorsque le
royaume terrestre des cieux ou l'Eglise, sera parvenu
à sa perfection, et que les fidèles, les hommes spirituels,
seront devenus par la *résurrection semblables aux anges* (1). Il est faux que l'homme soit l'unique objet de
l'amour de Dieu et de l'intérêt des anges. Mais il est
vrai qu'il se passe ici-bas un drame qui intéresse les
cieux, et dont le héros, le second et dernier Adam, est
le Fils même de Dieu.

C'est ainsi que le système du monde, tel qu'a dû le
concevoir le peuple primitif, contenait jusques dans ses
erreurs les plus évidentes, des germes de vérités astronomiques ou religieuses auxquelles ont plus tard fait
droit les progrès de la science humaine et ceux de la
révélation divine.

(1) Luc, 20, 36.

II

La haute Antiquité.

A. — LES NATIONS PAIENNES.

Les Noachides, en se dispersant de Sennaar sur la
face de la terre, formèrent quelques nations civilisées,
plusieurs hordes nomades et une foule de peuplades sauvages. Chez les premières, qui seules ont conservé le
dépôt de l'antique tradition, on poursuivit de fort bonne
heure l'étude des cieux, et l'on découvrit les distances
respectives des cinq planètes à la terre, si même cette
découverte n'est pas antérieure à la dispersion. Ces astres devaient exciter tout spécialement la curiosité par
leur marche errante : ils avancent, reculent, restent
stationnaires, décrivent des courbes, tracent des lignes
droites, font des angles ; en même temps leur éclat subit
de périodiques variations ; ils ont chacun, d'ailleurs,
leur couleur propre, et leur lumière n'a point le scin-
tillement des étoiles fixes. Ces astres vagabonds sont cependant soumis à des lois immuables : après un certain
temps ils reviennent tous régulièrement au même point
du ciel, et l'on déduisit de la durée de leurs révolutions,
leur éloignement de la terre. Entre la lune et le soleil

se meuvent Mercure, à demi perdu dans les rayons de l'astre du jour, et Vénus, la plus brillante des planètes, qui, sous le double nom d'étoile du berger et d'étoile du matin, suit de près dans le crépuscule le soleil couchant, ou précède son lever au milieu des feux de l'aurore. Au-dessus du soleil, Mars fait sa révolution en près de deux ans ; Jupiter en douze ; Saturne en trente. Ces trois planètes supérieures parcourent dans le ciel un espace beaucoup moins considérable que les deux autres, et se rappochent ainsi de plus en plus de l'immobilité des étoiles qui par leur fixité et par la pureté de leurs feux semblent participer à la nature divine. Il y a donc, de ces étoiles fixes à la terre, où la lumière est en lutte avec les ténèbres et la vie avec la mort, une série d'astres errants de moins en moins variables et grossiers. Les trois cieux du système primitif du monde font ainsi place aux huit cieux des deux grands luminaires, des cinq planètes et des étoiles fixes, sans toutefois que l'intuition antique en reçoive un notable changement. L'univers s'est seulement quelque peu agrandi, et la transition de la terre aux cieux est mieux accentuée.

Ces sept ou huit cieux, chez quelques peuples, tels que les Chaldéens, les Mèdes, les Indous, les Malais, les Finlandais, les Mexicains (1), ont passé de l'astronomie dans le domaine de la religion, et ont pris rang parmi les croyances nationales, tandis que les Égyptiens et les Chinois restèrent fidèles aux trois cieux de la tradition primitive. Toutes les nations païennes s'étaient d'ail-

____

(1) *Peuple primitif*, t. I, p. 442.

leurs fait leur système du monde, et ces systèmes étaient des mythes qui exprimaient, par des symboles plus ou moins ingénieux, l'unité organique d'un étroit univers. C'était d'ordinaire une montagne ou un plateau, le Mérou, l'Albórdj, le Kuen-loun, la Montagne du Septentrion, l'Ida, l'Olympe, l'Asgard, qui s'élevait au-dessus des demeures des hommes, et qui était habité à son sommet par les dieux, sous ses racines par les ombres.

En Orient, ces mythes, qui étaient devenus des dogmes traditionnels et nationaux, ne furent jamais mis en doute par l'astronomie. Elle accumulait en Chaldée, et peut-être aussi en Egypte, les observations d'éclipses et d'occultations d'étoiles; mais, dans sa confiance naïve au témoignage des sens, elle ne soupçonnait pas que les apparences pussent l'induire en erreur, et ne se mettait pas en peine de les expliquer par quelque hypothèse qui satisfît en même temps les exigences de la raison. On dit bien que sur les bords du Nil les prêtres avaient découvert que Mercure et Vénus gravitaient autour du soleil et non de la terre ; c'était un premier pas vers la vérité; toutefois, on ne poursuivit pas la route dans laquelle on venait d'entrer, et la découverte resta stérile. Comment aurait-elle pu croître et fructifier sur le sol des religions païennes qui ordonnaient de se prosterner devant ces mêmes astres qu'il s'agissait d'étudier, et favorisaient toutes les superstitions de l'astrologie?

En effet, la science des cieux, n'ayant pas su trouver l'étroit sentier de la vérité, se précipitait et entraînait avec elle les nations païennes dans un abîme de pernicieuses erreurs. Par l'introduction de l'idolâtrie, les nations de l'Orient avaient depuis longtemps perdu le Dieu vivant, qui n'existait plus pour elles : plus de Dieu antérieur à la naissance des temps; plus de Dieu créant la matière; plus de Dieu qui, placé au-dessus du monde, le gouverne d'en haut. En perdant Dieu, l'homme s'était perdu lui-même : c'en était fait de sa liberté morale; il n'était plus que l'esclave de ses convoitises au dedans, de la nature au dehors. La nature était devenue son dieu, et les corps, qui passaient pour les divinités les plus puissantes, parce qu'ils portaient l'empreinte la plus visible de leur Créateur, c'étaient ces astres qui se mouvaient silencieusement au-dessus de la Terre, qui décrivaient à une petite distance d'elle leurs courbes mystérieuses, qui la regardaient de leurs mille yeux, qui la pénétraient de leurs forces multiples. On supposa que chaque astre exerçait à la fois son influence sur les vicissitudes des saisons et sur celles de la vie humaine, et cette supposition n'avait rien que de plausible dans un âge où l'on faisait de l'univers un tout organique si petit et si bien lié, que chaque membre était en rapport direct et intime avec tous les autres. On se mit, en Chaldée et en Égypte, à noter les jours par l'étoile fixe qui se lève immédiatement après le coucher du soleil, et, prenant ainsi le simple signe pour la cause, on eut des astres humides ou secs, des astres favorables ou nuisibles à telles plantes ou à tels animaux. Cependant, comme la température de l'air n'est point la même tous les ans, ces différences furent censées venir des planètes qui changent constamment de situation, et qui,

plus voisines de la Terre que les étoiles fixes, devaient
être aussi plus actives. Le pâle Saturne fut froid et gla-
cial, Mars ardent et igné ; placé entre les deux et participant de leurs contraires natures, Jupiter fut un astre
salutaire ; Vénus, telle qu'un autre soleil, produisit cette
fraîche rosée du matin et du soir qui fertilise la terre,
et stimula la fécondation des animaux. Dans le monde
moral, Vénus fut *la Petite*, et Jupiter, *la Grande For-
tune*, et le sort de chaque homme fut réglé par la position des astres au moment de sa naissance. Les astres
les plus influents furent les Signes du Zodiaque, dont
chacun présidait à une partie différente du corps ainsi
qu'à une région spéciale de la terre, et dont l'action se
combinait avec celle des autres constellations qui se
lèvent en même temps que ceux-ci. La nativité fit tout :
elle régla, avec les évènements heureux et malheu-
reux, les crimes et les actions vertueuses qui les produisent ou les précèdent. Ce fut ainsi que l'homme,
pour n'avoir pas glorifié Dieu et s'être donné des dieux
de son choix, tomba dans la servitude des astres. C'é-
tait à peine s'il lui restait une faible espérance de pou-
voir conjurer, par ses prières, les maux auxquels le
Destin l'avait condamné lors de sa naissance (1).

L'astrologie se répandit, au ve siècle, de la Chaldée
en Grèce, et de la Grèce elle arriva en Italie, du vivant
de Cicéron, infectant tous les esprits de ses déplo-
rables superstitions. Refoulée par l'Église chrétienne,
elle fut cultivée avec ardeur dans le monde mahométan,
d'où elle a envahi, vers la fin du moyen-âge, notre Occi-

(1) Pline, *Hist. nat.*, 2, 6, et Manilius.

dent tout entier, et aujourd'hui encore elle est en grande
faveur auprès des populations de nos campagnes.

B. — ISRAEL.

L'unique asile de la liberté morale dans l'Orient fut
la Judée, qui seule aussi avait conservé la connaissance
du vrai Dieu. Le père des Hébreux, Abraham, avait été
le dernier de ces patriarches Chaldéens qui avaient
formé la race sacerdotale du peuple des Noachides, et,
à ce titre, il était l'héritier de l'astronomie (1) et de la
sagesse du monde primitif. Cette sagesse s'accrut chez
Israël de siècle en siècle par des révélations de plus en
plus précises et spirituelles, et devint une loi et une
prophétie, qui furent mises par écrit dans un livre sacré. Livre unique, qui, de sa première page à la dernière, ne parle que de sainteté. Il ne s'y trouve pas un
mot qui trahisse la moindre connivence de l'un ou
l'autre de ses nombreux auteurs avec l'astrologie (2). Ils
parlent « des lois des cieux et de leurs influences, (3) »
mais cette action est celle du soleil et de la lune sur la
nature terrestre, et il ne leur vient pas à la pensée que

(1) D'après Bérose.

(2) On nous objectera peut-être Job, 38, 31. Mais M. Perret-
Gentil, d'accord avec les meilleurs commentateurs, a traduit ainsi
ce verset :

    « As-tu formé le lien qui unit les Pléiades?
    » Ou peux-tu détacher les chaînes d'Orion? »

(3) Jér. 33, 25; Job, 28, 26; 38, 37.

l'âme, créée à l'image de Dieu, puisse être asservie à ce qui n'est que matière.

Le cœur plein de Dieu, de sa sainteté et de sa miséricorde, ces écrivains sacrés se bornent à décrire le monde physique tel qu'il s'offre à leurs yeux. Ils croient que la terre est immobile au centre du monde; mais ils n'ont jamais dirigé leur esprit sur les problèmes de l'astronomie. Conscients de leur ignorance en même temps qu'ils sont préservés de toute erreur par l'Esprit de Dieu, ils ne se hasardent point à formuler des enseignements positifs sur le système de l'univers, comme aussi nul emprunt fait aux erreurs de la science contemporaine, ne vient altérer la pureté de leurs tableaux (1).

Leur foi en un Dieu unique leur donne un vif sentiment de l'unité de l'univers qui est son œuvre et qui est comme suspendu à son souffle. Voyez, dans le discours de l'Éternel à Job, quel regard d'aigle l'écrivain sacré promène sur les principaux phénomènes de la nature entière ! Mais surtout étudiez ce psaume cent-quatrième où le Roi-Prophète, qui sans aucun doute a présent à l'esprit la vision cosmogonique des Six-Jours, décrit, en quelques courtes strophes, les cieux et la terre, les continents et la mer, les ruisseaux dans les vallées et les pluies sur les montagnes, à différentes hauteurs les riches moissons; les forêts de cèdres et les rocs arides, la vicissitude des nuits avec leurs bêtes sauvages, et des jours qui appartiennent à l'homme, enfin la mer immense avec les navires sur ses eaux et les monstrueux cétacés dans ses abîmes. Chaque partie de ce

____

(1) Sur le mot de *firmament,* voyez l'*Histoire de la Terre,* p. **65.**

spectacle si grand et si varié proclame soit la sagesse de
l'Éternel, qui a tout uni par de secrètes harmonies, soit
sa majesté et sa toute-puissance. C'est lui qui a créé
l'univers, c'est lui qui le soutient d'heure en heure ; la
terre tremble sous son regard, les montagnes fument à
son contact ; tous les êtres rentreraient dans le néant
s'il leur retirait un seul instant son souffle. Cependant
ce Dieu si redoutable n'effraie point le psalmiste ; son
cœur, au contraire s'ouvre à une joie intime, qui est le
doux reflet de celle que l'Éternel lui-même prend à ses
propres œuvres : « Je veux chanter l'Éternel tant que
» je vivrai, célébrer mon Dieu tant que je subsisterai.
» Que mes chants lui soient agréables ! Je fais mes dé-
» lices de l'Eternel. Oh ! si seulement les pécheurs dis-
» paraissaient de la terre qu'ils souillent et attris-
» tent (1). »

L'Éternel est si grand, que « les cieux, même les
» cieux des cieux, ne le peuvent contenir (2) ; » et
pourtant ils sont immenses ; car ce n'est qu'à cette condition qu'ils sont dignes de leur Auteur. Les écrivains
sacrés en parlent en des termes qui ne se retrouvent
nulle part ailleurs dans l'antiquité ; la voûte azurée est
pour eux d'une insondable profondeur ; l'élévation des
cieux au-dessus de la terre n'est comparable, à leurs
yeux, qu'à celles des pensées de Dieu au-dessus de celles
des hommes (3) ; la distance de l'orient à l'occident est

(1) Voyez, sur le psaume 104, le *Cosmos* de M. de Humboldt, t. 2,
p. 46 du texte allemand.

(2) 1 Rois, 8, 27.

(3) Esaïe, 55, 9.

pareillement pour eux une image de l'infini (1). Certainement, le Roi-Prophète pressentait l'incommensurable grandeur de l'univers, lorsque, dans ses heures
de recueillement, il entendait comme un cantique de
louanges monter des étoiles vers l'Éternel, en descendre vers les hommes, et qu'il disait : « Les cieux
» racontent la gloire du Dieu fort, et l'étendue pro-
» clame l'œuvre de ses mains ; le jour le répète au
» jour, et la nuit à la nuit en donne connaissance (en
» eux), il n'est point de langage et point de parole, on
» n'entend nullement leur voix (et cependant), par
» toute la terre se répandent leurs accents, et leurs dis-
» cours (vont) jusqu'aux extrémités du monde (2). »

Ces cieux si vastes et si brillants sont, pour les écrivains
inspirés d'Israël, comme ils l'étaient déjà pour les patriarches du monde primitif et, du reste, comme ils le sont
aussi pour toutes les nations païennes, supérieurs à la
terre par leur immutabilité et par la sainteté de leurs
habitants. Mais ces habitants, au lieu d'être des dieux qui
règnent avec Dieu sur les hommes, sont des anges qui
adorent avec les mortels l'Éternel, et sur lesquels il
règne comme sur les hôtes de la terre. « Les cieux sont
bien le trône de Dieu, et la terre n'est que son marche-
pied (3). » Ils appartiennent tout spécialement à l'É-
ternel, dont les louanges y retentissent sans cesse,
tandis qu'il a donné la terre aux fils de l'homme qui, à
l'exception des seuls Hébreux, ne le connaissent et ne
le servent point. Toutefois les cieux ne sont que le

(1) Ps. 103, 12.
(2) Ps. 19.
(3) Esaïe, 66. 1.

temple de Dieu, où les anges, tels que des prêtres revê-
tus de leurs vêtements sacrés, se prosternent en nombre
immense devant lui et lui disent sans se lasser : « Gloire !
gloire à Toi (1). » Mais ce temple est plus saint que la
terre ; car ici-bas, dans la Judée même, une seule des
douze tribus s'est consacrée au culte de Dieu ; parmi
les Lévites, une seule famille remplit les fonctions sa-
cerdotales, et le souverain pontife seul ose se présenter,
une fois par an, au lieu très-saint, devant l'Éternel. Là-
haut, Dieu se révèle constamment aux anges, et la
règle, c'est la théophanie ; ici-bas elle est l'exception,
et Jéhova n'apparaît aux hommes, aux Israélites, que
dans de courtes et très-rares *visites* (2). Parfois Dieu
semble oublier son alliance et manquer à ses promesses,
quand il se retire de son peuple rebelle et qu'il le
châtie selon sa justice ; mais la vue des astres rassure
l'âme fidèle, qui lit dans leurs mouvements *invariables*
l'immuable volonté, la *fidélité* de son Dieu Sauveur (3).

La terre est inférieure aux cieux, mais elle ne l'est
que de peu et pour un temps : elle deviendra leur
égale dans les siècles avenirs, et déjà elle s'élève insen-
siblement vers leur riveau de sainteté et de gloire.
C'est ici qu'apparaît plus distinctement l'élément pro-
phétique de la révélation. Le Dieu qui règne dans les
cieux a fondé, en Judée, un autre royaume qui, dans son
intime essence, est identique à celui des anges, et au
dedans duquel s'opère un lent travail de purification, en
attendant l'époque où l'Esprit-Saint créera à la Pente-

(1) Ps. 29, 9.
(2) Ps. 8, 5.
(3) Ps. 89, 3, 5-9 ; 148, 6 ; Jér. 31, 35 et suiv. ; 33, 20-21.

côte une humanité spirituelle, et l'époque plus tardive
encore où la connaissance du vrai Dieu débordera sur
la terre entière. Le royaume de David est ainsi un
royaume éternel. C'est donc en vain que les nations
païennes se soulèvent pour l'engloutir, comme *les flots*
de la mer en tourmente : « Dieu est au milieu de sa
» ville sainte, elle ne peut être ébranlée ; sa voix est plus
» puissante que le bruit des grandes eaux, » et lui qui
a « dressé son trône de toute éternité » dans les cieux,
et qui, de *là-haut*, exécute ici-bas ses décrets, saura
bien, en détruisant ses ennemis, maintenir sa cité,
« dont la sainteté doit durer à jamais (1). » Mais pour
que la montagne de Sion qui porte Jérusalem, ne soit
pas ébranlée, il faut qu'à son tour la terre, sur laquelle
elle se dresse, soit affermie pour toujours. Aussi ses
bases plongent-elles dans des profondeurs inconnues
aux mortels, et nulle puissance ne pourra les renverser (2). Par ces bases il ne faut pas entendre quelque
construction matérielle, car l'auteur du livre de Job
sait fort bien que « la terre est suspendue dans le
» vide (3). » *Les colonnes, les pierres angulaires* sur
lesquelles, d'après les écrivains inspirés, a été fondée
la terre, sont les *lois* qui régissent ses éléments, et
qui, pour être moins apparentes que celles des cieux,
n'en sont pas moins réelles et invariables (4).

Ces lois ne sont point changées par ces violentes

(1) Ps. 125, 1 ; 93, 1 ; 46, 4-6 ; 96, 10.
(2) Ps. 104, 5 ; 119, 90 ; Job, 38, 6.
(3) Job, 26, 7.
(4) Jérémie, 33, 25.

commotions que la nature reçoit de la main de Dieu,
quand il exerce sur les peuples coupables quelques-uns
de ses grands jugements, ou que l'œuvre du salut entre
dans une phase nouvelle. Les livres saints peuvent donc
annoncer, sans se contredire, que la Terre inébranlable
a été et sera encore plus d'une fois ébranlée (1). Elle
passera même avec les cieux par une complète méta-
morphose, en apparence elle sera détruite, sans cesser
d'être affermie à jamais sur ses fondements. Car sa
forme actuelle n'est que l'enveloppe dont Dieu a couvert
pour un temps son immuable essence, et le corps qu'il
lui rendra, ne fera que laisser sa beauté cachée se manifester dans tout son éclat. Dieu seul est toujours le
même. « La terre et les cieux vieillissent comme un
» vêtement, et il les changera comme on fait d'un
» habit (2). » Il les renouvellera, et cette terre future,
qui subsistera éternellement, aura, comme la terre
d'aujourd'hui, sa Jérusalem et ses nations distinctes
d'Israël (3).

Par cette transformation finale, qui était plus qu'à
demi voilée aux regards des Hébreux, la terre arrive
au terme de son développement, où elle se revêt de
toute sa gloire et ne le cède plus en rien aux cieux. Mais
pour suivre ainsi les pensées des écrivains inspirés jusqu'au seuil de l'éternité où se dissipent toutes les obs-
curités, il fallait un cœur pieux, un esprit recueilli, une
intelligence préparée par la pratique du bien à l'étude
des mystères. Or, la foi n'est pas de tous, et à Jéru-

(1) Job, 9, 6 ; Aggée, 2, 6, 21 ; Esaïe, 13, 13.
(2) Ps. 102, 26-27 ; Esaïe, 50, 9.
(3) Esaïe, 66, 22 ; comp. Apocal. 21.

salem comme dans nos capitales, il y avait sans doute
des hommes rebelles qui, jugeant de tout d'après les
apparences, trouvaient la terre trop chétive et l'homme
trop misérable en comparaison des anges et des cieux,
pour que leur vocation fût aussi sublime que le disaient
les prophètes. Au moins voyons-nous le Roi-Prophète
lui-même se poser, dans le huitième psaume, la redoutable question du rôle de l'homme dans l'univers, et de
la réalité de la révélation.

Étudions ce cantique qu'on dirait avoir été composé
à la suite ou dans la prévision des attaques de nos modernes déistes contre le christianisme.

Dans une heure de sainte inspiration, David, soulevant
la grossière enveloppe que le péché a jetée sur la terre (1),
se souvient de sa beauté primitive, et entrevoit dans
l'avenir sa gloire future; en même temps il arrête ses
regards sur la divine figure du Messie, et s'écrie : « Éter-
» nel ! notre Seigneur ! que ton nom est magnifique par
» toute la terre ! Elle élève ta gloire par-dessus les
» cieux. » Par-dessus les cieux ? Quoi ! cette terre qui
est dévastée par le crime, la mort, les maladies, les
fléaux, glorifie l'Eternel plus que ne le font les astres
semés dans l'étendue immense ! Que cette parole est
hardie ! mais surtout qu'elle est vraie ! Les cieux ne
proclament que la toute-puissance de Dieu, la terre
parle de sa miséricorde, et l'amour qui pardonne et se
sacrifie, surpasse tout.

La gloire de l'Eternel sur la terre, c'est ce puissant
et inébranlable royaume par le moyen duquel il relèvera

____

(1) Esaïe, 25.

l'homme de sa chute et lui fera accomplir sa sublime
vocation. Le fondement de ce royaume, c'est l'intime
nature de l'homme, l'image divine qui a été déposée en
lui et qui fait son essence : le mal l'a bien altérée, mais
il ne l'a pas détruite, autrement le méchant ne serait
plus un homme. Elle apparaît le plus distincte chez le
petit enfant, et chez l'homme fait qui lui ressemble en
simplicité, en docilité, en joyeux abandon, en défiance
de soi-même. Chaque enfance est un reflet, plus ou
moins vif et pur, du paradis. Des êtres inoffensifs et dé-
sarmés, voilà les forces que Dieu oppose à ses vindica-
tifs ennemis. Il le veut ainsi : c'est avec des agneaux
qu'il dompte les tigres. « De la bouche des enfants et
» de ceux qu'on allaite, tu tires le fondement de ta
» puissance à cause de tes adversaires, pour confondre
» ton ennemi et celui qui veut se venger. »

Mais que ce fondement semble vacillant, fragile,
étroit pour le colossal édifice qu'il doit supporter ! Comment baser sur l'âme d'un être mortel un royaume
éternel ? élever au-dessus des cieux cet homme qui
rampe sur la terre ? lui rendre quelque peu de cette
sainteté qui fait le bonheur et la gloire des anges, et
dont il s'est fermé l'accès par sa chute ? Que cette créature déchue (1) semble indigne de tous les soins que
Dieu lui prodigue en Judée ! et comment l'Éternel qui
possède les cieux, met-il tant d'importance à se faire
servir sur la terre par l'homme ? « Lorsque (dans le si-
» lence des nuits), je considère les cieux, ouvrage de
» tes doigts, la lune et les étoiles que tu as disposées

____

(1) L'idée de la chute se trouve dans le mot hébreu ENOSCH.

» (selon des lois invariables, je me dis :) Qu'est-ce que
» l'homme (avec toutes ses souffrances), que tu te sou-
» viennes de lui, et le fils d'Adam que tu le visites ? »
Le psalmiste s'étonne de cette disparate entre le néant
de l'homme, et la sollicitude que lui témoigne le Seigneur de tous les cieux ; mais son étonnement est selon
Dieu, c'est celui du sage, c'est celui d'une âme pieuse
et recueillie chez laquelle il produit un redoublement de foi, tandis que l'autre étonnement engendre le
doute qui enfante l'incrédulité.

Comment David répond-il à la question qu'il
vient de s'adresser à lui-même ? Avilira-t-il l'homme
pour mieux faire ressortir la condescendance de Dieu ?
Nullement. Dieu se révèle avec tant de persévérance à
l'homme parce que l'homme a été créé pour devenir le
roi de l'univers : « Tu le fais un peu inférieur aux an-
» ges (pendant son existence actuelle) ; et tu le couronnes
» (dès maintenant) de gloire et d'honneur » (en la personne du peuple d'Israël de qui sortira bientôt le Messie.) « Tu travailles à le faire roi des œuvres de tes
» mains (déjà dans tes décrets éternels) ; tu as placé
» toutes choses sous ses pieds. » Quoi ! toutes choses ?
même les cieux et les cieux des cieux ? les anges et les
archanges ? Oui, toutes les œuvres de Dieu, la création
entière, l'univers ! Le mot *toutes choses* a été mis par
écrit sous l'action de l'Esprit de Dieu, et il recevra son
plein accomplissement, d'abord dans Jésus–Christ, le
second Adam, puis dans toute l'humanité qui se sera
identifiée par la foi avec lui (1).

(1) Comp. pour ce passage entier Hébreux, 2, 5-9.

Le gage de la future domination de l'homme sur toutes les créatures, c'est celle qu'il exerce aujourd'hui sur
la nature terrestre. Au temps de David, sa puissance
était encore fort restreinte : l'Israélite ne possédait que
sa petite patrie, toute relation intime avec les Gentils le
souillait, nombre d'animaux étaient pour lui immondes,
et la mort qui nous entoure de toute part, le condamnait à de fréquentes purifications. Il ignorait d'ailleurs
les lois du monde physique, et ces procédés merveilleux par lesquels nous avons soumis à notre volonté les
éléments. Mais alors déjà il régnait du moins « sur
» les brebis et les bœufs, tous ensemble, et aussi (à
» un moindre degré,) sur les bêtes des champs, les oi-
» seaux des cieux, et les poissons de la mér, sur tout ce
» qui parcourt les sentiers des mers. »

C'est ainsi que l'homme, le futur roi du monde et la
gloire de la terre, se fait, dans sa condition présente, à
sa grandeur avenir par sa domination sur les animaux,
par les soins de son Dieu et par sa native ressemblance
à l'Éternel. L'esprit illuminé par ses pensées surhumai-
nes, le psalmiste termine son cantique comme il l'avait
commencé : « Eternel ! notre Seigneur ! que ton nom
» est magnifique par toute la terre. »

Si nous résumons en un seul tableau les pensées des
Hébreux inspirés sur le plan du monde, nous aurons
dans un cadre unique : les cieux immenses dont les lois
sont invariables et où les saints anges adorent et servent
le Dieu de sainteté; la terre humble et petite, que le
péché veut détruire, mais qu'il ne parvient pas même à
ébranler, et l'homme, qui, malgré son néant apparent
et son état de chute, est appelé à dominer sur toutes

choses. Là terre est donc plus noble que les çieux, et l'homme, que l'ange : tout cela nous paraît fort étrange, et les prophètes ne s'arrêtent pas à l'expliquer. Il doit suffire aux croyants de savoir que tels sont les décrets de Dieu, que ses décrets sont la sagesse même, et qu'il est tout-puissant pour les exécuter en leur temps.

III

La Grèce (1).

Les Juifs étaient captifs à Babylone et le temps des écrivains inspirés approchait de sa fin (2), quand l'esprit philosophique s'éveilla chez les Grecs. Dès leur origine, les Hellènes avaient eu le sentiment instinctif de la liberté de l'homme et de son indépendance de la nature. Ce qui les intéressait, ce n'étaient point les magnificences de l'aurore, les terreurs de la tempéte, la gracieuse beauté des fleurs, le spectacle toujours nouveau des saisons ; c'était l'homme, ses destinées, ses passions, ses pensées. Les anciens mythes cosmogoniques et physiques de l'Orient se transforment chez les Grecs en aventures d'hommes, et leurs grands dieux

(2) Voyez O.-L. Gruppe, *Die kosmischen Systeme der Griechen.* 1851. — Aug. Bœck, *Untersuchungen über das kosmische System des Platon.* 1852. C'est la réfutation du précédent ouvrage. — G. Grote, *Platon's Lehre von der Rotation der Erde,* trad. en allemand par Holzamer. 1861. — Martin, *Etudes sur le Timée de Platon.* 1841.

(2) Les livres apocryphes des Juifs ne font que répéter, sans y rien ajouter, les enseignements des écrivains inspirés sur la vocation royale de l'homme (Sapience, 9, 2-3 ; Ecclesiast, 47, 4) ainsi que sur la beauté des cieux qui glorifient leur Créateur (Ecclesiast, 43, 1-11 ; Baruc, 3, 32-36).

deviennent tous des personnifications de l'humanité. On peut dire qu'ils se sont tellement donnés à l'adoration, à l'étude et à la peinture de la nature humaine, que la nature physique ne formait plus que l'arrière-plan de leurs tableaux, tandis que, chez les peuples païens de l'Orient, elle écrasait l'homme, et que le pieux Israélite savait seul à la fois admirer la terre et les cieux sans se prosterner devant eux, et apprécier l'infinie valeur de son âme sans perdre de vue le monde physique. Le ciel surtout n'occupait, pour ainsi dire, aucune place dans la pensée des Grecs : Uranus n'avait parmi eux aucun temple ; leurs dieux demeuraient tout près des mortels, sur le mont Olympe, et les ombres de leurs héros et de leurs gens de bien dans une île au-delà de l'Océan. Pour Homère, pour Hésiode, il n'y a pas trois ou dix cieux, mais uniquement une voûte simple, sans profondeur ni mystère, et la terre qu'elle recouvre est un disque creux, qui contient-comme dans une coupe la Méditerranée, et qu'enveloppe le fleuve étroit de l'Océan. Si le sens de l'infini doit se développer un jour dans le cœur des Hellènes, l'impulsion partira des aspirations de l'âme au souverain bien, et non de la contemplation des cieux azurés et de l'armée innombrable des astres.

Trois ou quatre siècles après Homère, au temps où la nation grecque sortait de sa poétique jeunesse et entrait dans son âge mûr, avant même qu'elle eût appris à écrire en prose, apparut tout à coup un certain nombre de *sages*. C'était l'esprit philosophique qui, en leurs personnes, montait pour la première fois sur la scène de l'histoire humanitaire. Il se proposait pour but de

ses efforts, de tout comprendre et de tout ramener à
l'unité. Après avoir quelques moments fait l'essai de
ses forces dans le domaine d'une morale toute pratique
et d'une prudence vulgaire, il s'élança d'un bond immense au-dessus des choses visibles, et fit pendant plusieurs générations de gigantesques efforts pour s'assu-
jettir par la pensée l'univers, pour créer, au nom des
idées absolues de beauté et d'harmonie, l'ordre dans le
désordre des phénomènes, pour remonter des effets aux
causes, des accidents aux lois, pour réduire l'univers
en la forme d'un système sans anomalies et sans obs-
curités.

Mais dans le champ seul du monde physique ou de la
cosmologie, que d'énigmes s'offraient aux philosophes
grecs! Quelles sont les formes de la terre et de sa base
dans l'espace? Quelle est la nature de la voûte céleste?
Comment les astres se soutiennent-ils dans l'éther et ne
tombent-ils pas sur la terre? Quelles sont leurs distances au centre et leurs grandeurs réelles? Quelles
causes assigner aux éclipses du soleil et de la lune?
Comment surtout rendre raison des mouvements tellement irréguliers des astres *errants*, et de la prodigieuse
vitesse avec laquelle non-seulement les planètes, mais
les étoiles fixes opèrent en vingt-quatre heures leur révolution autour de la terre? Parmi ces énigmes, il y
avait non-seulement des difficultés à résoudre, mais des
impossibilités à faire disparaître. Il y avait des phénomènes qui contredisaient en face les idées fondamentales
de la raison, l'essence même de l'esprit humain, et qu'il
fallait nier par un acte d'héroïsme. Il s'agissait de donner au nom de l'intelligence un démenti à la vue et aux

sens ; mais ce démenti atteignait en plein la religion
nationale et polythéiste, dont les croyances et les mythes
plongeaient par leurs dernières racines dans le monde
des apparences. La philosophie devait donc nécessairement se trouver un jour ou l'autre aux prises avec un
culte idolâtre, et, comme elle n'avait pour elle que la
vérité sans l'autorité ni la force ni la violence, on aurait
pu prévoir qu'elle marchait au martyre, ou que, du
moins, elle serait condamnée au silence.

Dès ses premiers pas, la philosophie tenta de découvrir le vrai système du monde par les deux voies de
l'expérience ou de l'induction qui remonte des faits
multiples à l'idée, et de la spéculation ou de la déduction qui descend des idées primordiales aux faits et aux
apparences. Thalès suivit la première méthode, et Pythagore la seconde, sans que l'un et l'autre se rendissent
compte de leur préférence. D'ailleurs, ces deux génies
surent, dans leurs recherches de la vérité, ne pas mépriser la tradition, et ils s'étaient enquis de la science
des Orientaux.

Fidèle à l'antique dogme révélé d'un chaos aqueux,
dogme qui, du reste, n'était point inconnu à Homère,
Thalès (vers l'an 600) fait de l'eau le principe matériel
de toutes choses. Le monde issu de l'eau est un, c'est-
à-dire forme un tout harmonique. Une intelligence
anime ce monde, et cette intelligence est Dieu. Au milieu est la terre, disque qui (malgré sa pesanteur spécifique) doit à ses larges dimensions de flotter sur l'immense océan (qui provient sans doute du chaos, et que
rien ne contient). Le ciel est une voûte solide qui s'é-
tend sur la terre. Les astres sont des terres enflammées.

La lune toutefois reçoit sa lumière du soleil. Le soleil
s'éclipse quand la lune s'interpose entre la terre et lui.
Thalès étonne son siècle par la prédiction d'une éclipse
de soleil. Il n'expliquait pas celles de la lune.

Anaximandre veut dépasser son maître, et le voilà
qui rend à la lune sa lumière propre, qui substitue à la
vraie explication des éclipses solaires une imagination
puérile, et qui réduit l'océan incommensurable de Thalès
aux étroites dimensions de celui d'Homère! Toutefois il
concourt pour sa part à agrandir les idées des Grecs.
Ayant posé pour principe l'infini, il en conclut qu'il
naît un nombre infini de mondes, qui périssent et qui
rentrent dans ce fond d'où ils sont sortis. Cette grande
et belle idée s'est perdue promptement; mais il en est
une autre qui s'est maintenue jusqu'à Képler : c'est
celle des sphères célestes. Anaximandre l'avait sans
doute empruntée à l'Orient; au moins avons-nous vu
déjà que l'Asie admettait l'existence de huit à dix cieux.
Il compara le ciel à l'écorce d'un arbre formée de plusieurs peaux minces et très-serrées. C'est une sphère
de cristal qui comprend plusieurs sphères concentriques, et elles se meuvent toutes ensemble d'orient
en occident; mais entre elles sont autant de cercles
qu'il y a de planètes, et ils ont chacun leurs mouvements propres plus ou moins rapides. Le plus éloigné
de la terre est celui du soleil, cet astre est vingt-huit
fois plus grand que la terre. Vient immédiatement après
la lune, qui n'est que d'un vingt-huitième plus petite
que le soleil. Au-dessous d'elle sont les cinq petites
planètes, et le ciel le plus voisin de la terre est celui
des étoiles fixes. Au reste, ce qu'on appelle le soleil et

la lune sont proprement des ouvertures par où brille la
lumière qui est dans les cercles, car ces cercles sont
creux et pleins de feu, et il y a éclipse, soit de soleil,
soit de lune, quand ces fenêtres viennent à se fermer.
Les sphères et les cercles d'Anaximandre sont les ma-
tériaux informes avec lesquels Platon, Eudoxe, Aristote et les Alexandrins fabriquèrent plus tard leur
machine du monde.

Tout ce lourd échafaudage du monde d'Anaximandre
déplut à son successeur Anaximène, qui croyait avoir
trouvé dans l'air le principe de toutes choses et l'élément qui supporte l'univers. Pour lui la terre est une
table fort mince, qui se maintient immobile sur l'air,
et que le ciel, de substance solide et terrestre, recouvre
comme un chapeau; le soleil, la lune et les astres sont
pareillement des feuilles plates et légères, qui se sou-
tiennent dans l'air par leur largeur, et qui s'y meuvent
librement; c'est l'air qui, en se condensant, leur oppose une résistance et les met en mouvement, et ils
circulent autour et au-dessous de la terre. Il y avait
certainement plus de hardiesse à supposer les astres
planant dans l'espace malgré leur pesanteur, qu'à les
enchâsser, comme on l'a fait plus tard, dans des roues
entre des sphères de cristal.

Cependant Héraclite, qui faisait tout provenir du feu,
saisissait une autre face du problème cosmique. Il s'occupait peu de la forme du monde, et beaucoup de sa
cause physique. Ce qui le frappa, ce fut l'opposition
entre le haut et le bas, entre le léger et le lourd, entre
le ciel et la terre. La guerre fut pour lui le père, le roi
et le maître de toutes choses ; le repos, le synonyme de

la mort, et le monde, le résultat d'un double mouvement
du feu vers la hauteur et des corps grossiers vers la
profondeur. Cette intuition d'après laquelle la densité
des corps va en diminuant du centre de l'univers à sa
circonférence, était déjà, nous l'avons vu, celle du
peuple primitif, et nous la déduirons des observations
d'Herschel. Mais ce même Héraclite croyait la terre un
disque, le ciel une voûte, le soleil et la lune des bateaux
ronds, d'un pied de diamètre, qui, en se renversant,
produisaient les éclipses.

C'est ainsi qu'en Ionie l'esprit s'épuisait en de vaines
hypothèses pour expliquer les phénomènes réels ou il-
lusoires du monde physique.

Du vivant d'Anaximandre (vers l'an 550), l'Ionien
Pythagore, fondait chez les Doriens de la Grande-Grèce
une école, une société religieuse, une espèce d'ordre
monastique, où il enseignait la vérité qui conduit à la
vertu et à la piété. Cet homme de génie, qui le premier
refusa le titre de *sage* pour prendre le nom plus humble d'*ami de la sagesse* ou de philosophe, rechercha,
non, comme les Ioniens, les origines et les causes physiques des choses, mais leur essence et leurs lois. Il les
chercha en lui-même plus que hors de lui, crut sa raison plus que ses sens, et jugea ce qui semblait être, d'a-
près ce qui doit être. Sa raison lui fournissait dans ses
recherches sur le monde l'idée éternelle d'ordre et
d'harmonie, ainsi que les nombres et les figures géomé-
triques. Son esprit spéculatif lui enseigna de plus l'importance des sciences mathématiques, qui du reste
étaient encore au berceau, et il fut le premier qui les

appliqua à l'étude de la nature. Elles furent l'instru-
ment avec lequel il découvrit dans le désordre des phénomènes, la loi, l'ordre, la beauté, qu'il savait à l'avance
y exister. Ce fut ainsi qu'il acquit la gloire de donner à
l'univers un nom nouveau, celui de *Kosmos*, qui signi-
fie précisément ordre et beauté.

« Le monde, qui est ordre, est périssable par sa
nature corporelle ou matérielle ; mais il ne périra pas,
parce que la providence de Dieu le supporte.

« La forme parfaite est la sphère. Les grands corps qui
constituent le monde, doivent donc être sphériques. La
lune l'est, ainsi que le prouve d'après la géométrie son
croissant, car tel est l'aspect que, sous un certain angle,
doit présenter un corps rond éclairé par une lumière
étrangère. Si la lune est sphérique, le soleil, son frère
en grandeur, l'est aussi ; et ce qui est vrai des deux
grands astres et vrai en soi, ne peut pas ne pas l'être de
tous les autres astres, des planètes, des étoiles fixes. La
terre fera-t-elle seule exception ? Mais la lune a certainement comme elle des montagnes et des vallées, qui
sont ses taches ; et la terre doit donc être sphérique
comme la lune. La terre serait ainsi un astre, un astre
planant librement dans l'espace comme tous les astres,
et soutenu comme eux par des forces inconnues, qu'il
n'importe nullement de définir ; l'astre central autour
duquel se meuvent soleil, lune, planètes, étoiles fixes ;
le centre sphérique d'un monde sphérique ! Ce globe
n'a ni haut ni bas, et les Grecs ont leurs antipodes ! La
terre peut se trouver placée entre la lune et le soleil :
son ombre se projettera sur la lune, qui en est éclipsée,
et voilà la cause des éclipses de lune enfin découverte ;

sur la lune obscurcie se dessine une ombre circulaire, et
voilà la preuve directe de la sphéricité de la terre ! »

C'est probablement par une voie semblable que Pythagore a découvert le système qui fait de la terre le centre
et non la base de l'univers (1), et qui la suspend dans le
vide ainsi que le disait déjà l'auteur du livre de Job.

« Au-dessus de la terre est, sur une grande partie de
sa surface, l'eau. Au-dessus de l'eau, l'air ; puis le feu.
Viennent ensuite la lune, le soleil, Mercure, Vénus,
Mars, Jupiter, Saturne et les étoiles fixes, ou d'après
d'autres sources, la lune, Mercure, Vénus, le soleil,
Mars, les deux planètes les plus lentes et le ciel suprême. » Peu importait d'ailleurs à Pythagore l'ordre
dans lequel se suivaient ces astres : son désir était de
saisir, en prêtant pour ainsi dire une oreille attentive,
les harmonies du monde, et il imagina de dire que de
la terre aux étoiles fixes les sept astres sont distribués
dans l'espace à des intervalles qui correspondent à ceux
des nombres harmoniques, dont il avait fait la découverte.

» Les astres sont tous des mondes environnés d'air
comme la terre et placés dans l'éther illimité. Les comètes sont, non point des météores qui s'enflamment
au-dessous de la lune dans l'atmosphère terrestre, mais,

(1) Dans la citadelle de Syracuse on voyait un globe suspendu au
milieu d'un air sans issue, image en petit de l'immense univers.

Arce Syracosiâ suspensus in aere claudo
Stat globus, immensi parva figura poli.

OVIDE. *Fastes*, VI, 277.

C'est là sans doute une preuve de la vogue qu'avaient eue, en
Sicile, les doctrines pythagoriciennes.

selon l'enseignement des Chaldéens, des étoiles qui apparaissent et disparaissent, des planètes à longues périodes qui traversent en tous sens les cieux. » Les cieux n'étaient donc point, d'après Pythagore, des sphères solides. Nous verrons que les comètes ont été depuis Copernic un des plus puissants arguments contre la grande machine de Ptolémée.

D'ailleurs Pythagore avait, aussi peu que ses compatriotes, le sens de l'infini : le rayon de son univers était de 30,000 lieues, et nous en comptons 87,000 de notre terre à la lune !

Pythagore, avec sa terre sphérique, suspendue dans le vide, et ses harmonies du monde, a opéré dans les idées des Grecs une révolution analogue à celle qu'a produite dans l'Europe moderne et chrétienne le système héliocentrique de Copernic. Désormais pour tous les penseurs, le ciel ne sera plus le « chapeau » de la terre ; la terre, une masse immense qui plonge ses racines dans des abîmes inconnus ; l'Océan, un fleuve qui circule à sa surface, ou une sorte de chaos sur lequel elle flotte. Désormais aussi la nation entière désignera l'univers, dans le cours habituel de la vie non moins que dans les écoles, par le nom d'*ordre*, Kosmos. De nouvelles croyances pénètrent en même temps dans les cœurs des Grecs. Le Dieu de Pythagore qui « tout entier au dedans du monde sphérique, surveille toutes les naissances et tous les mélanges, » ressemble peu au Zeus d'Homère, assistant du sommet de l'Ida aux combats des Troyens et des Grecs. Ces astres qui sont tous autant de terres, accroissent énormément les occupations des dieux issus du ciel, qui, lors de la distribution de leurs fonctions, s'étaient partagé la terre et non les cieux. Les antipodes, qui élèvent leurs mains suppliantes vers un ciel opposé à l'Olympe, peuvent difficilement adorer les mêmes divinités que les Hellènes. De telles hardiesses auraient pu mettre en danger la vie de Pythagore; mais l'aristocratie des cités doriennes de l'Italie laissait à la pensée humaine plus de liberté que ne le faisait le despotisme démocratique de l'Ionie et d'Athènes. Comment d'ailleurs accuser d'impiété un système cosmique qui n'était qu'une constante exhortation à l'harmonie morale, c'est-à-dire à la vertu?

Quand Pythagore écoutait, par les sens de l'esprit, les harmonies du monde, ses pensées devaient ne point différer extrêmement de celles de David, entendant les discours sans paroles que les cieux tiennent à la terre et de jour et de nuit. La musique, qui était pour tous les Grecs le plus puissant moyen de former l'âme de l'enfant et de l'homme fait à la sagesse, contenait pour Pythagore les lois fondamentales du monde non moins que de l'âme. « L'ouïe a été donnée à l'homme pour que, dans le commerce des Muses, il apprenne à rétablir l'ordre et l'accord dans les révolutions irrégulières de l'âme. La vue lui a été donnée pour qu'il contemple les révolutions de l'intelligence dans le monde physique, et règle sur leur exemple les siennes, qui leur sont apparentées (1). » Mais l'homme, qui est plein de faux tons et de mouvements désordonnés, ne peut arriver à la vertu s'il ne tend vers Dieu. Les disciples de Pythagore

(1) D'après le *Timée* de Platon, qui exprime certainement ici des idées toutes pythagoriciennes.

étaient divisés en trois classes : celle des *aspirants* (σπου-
δαιοι) celle des *inspirés* ou des *spirituels* (δαιμονιοι)
et celle des hommes *divins, que Dieu a saisis* (θειοι, θεο-
παθεις). Le souverain bien, le but suprême que l'homme
doit atteindre, c'est «son commerce intime avec Dieu, »
et pour y atteindre, il faut, par le chant sur la terre,
par le recueillement et la prière, par une sévère disci-
pline et un silence de plusieurs années, ainsi que par
la contemplation des cieux et de leurs révolutions,
s'exercer à surmonter les passions qui troublent l'âme,
à y rétablir la paix et à y faire régner une harmonie
pareille à celle des astres.

Ici, la plus étroite amitié unit l'astronomie et la piété.
La Grèce, l'antiquité tout entière n'ont pas produit une
philosophie, tout à la fois naturelle et morale, plus
pure, plus noble, plus voisine de la vérité que celle de
Pythagore. Il y a loin sans doute de l'harmonie à la
sainteté, du désaccord au péché, du chant sur la lyre
aux pleurs de la repentance, de l'empire sur ses passions à la conversion du juif et à la régénération du
chrétien; de la transmigration des âmes coupables aux
peines de l'enfer, d'un salut par l'amélioration morale
au salut par le sang expiatoire du Fils de Dieu; enfin,
d'un Dieu qui est l'idéal à atteindre, un Dieu vivant qui
impose ses lois, récompense, châtie, pardonne et sauve.
Mais au moins Pythagore a-t-il vivement senti les désordres de l'âme, et dans son école, comme en Israël, il
y a souffrance ici-bas, paix là-haut, liberté partout et
un Dieu qu'il faut invoquer.

Cependant le système cosmique de Pythagore n'avait
en sa faveur que sa beauté idéale, et ne donnait la clef

d'aucune des énigmes cosmiques. Aussi, malgré la déférence proverbiale des disciples pour les paroles du *maître*, voit-on surgir du milieu d'eux une tout autré cosmologie.

Philolaüs, vers l'an 450, plaça au centre du monde un feu, qu'il nomma *Vesta* ou *la mère des dieux* ou *la citadelle de Jupiter;* fit tourner autour de ce feu la terre, la lune, le soleil, les cinq planètes et les étoiles fixes; imagina, pour arriver au chiffre parfait de dix, un dixième astre, l'*anti-terre*, qui est opposé à notre globe et se meut dans la même orbite que celui-ci; supposa que le soleil, qui n'a pas des phases comme la lune, était un astre transparent comme le cristal; enfin et surtout, donna à la terre une révolution de vingt-quatre heures autour du feu central. Ajoutons que par delà les étoiles fixes est un espace lumineux du nom d'*Olympe*; qu'entre ces étoiles et la lune est le *monde* proprement dit, séjour de l'harmonie, de l'ordre, de la paix, de la vie, et qu'entre ce monde et la terre est le *ciel* avec ses changements perpétuels et ses phénomènes atmosphériques.

Cette hypothèse du feu central était d'une étrange hardiesse. Quelle autorité ne fallait-il pas accorder à la raison, pour déclarer sur de simples spéculations, que la terre, seul corps immobile d'après le témoignage des sens, se meut dans l'espace avec une extrême vitesse, et que le seul corps réellement immobile est un feu que l'œil n'a jamais vu? Mais Pythagore avait déjà dépassé de beaucoup les perceptions des sens, en faisant de la terre un simple astre, et en prétendant que les astres

sont des terres qui se déplacent sans cesse. On devait
dès lors se demander quel droit la terre possédait à occuper le siége d'honneur, à dominer sur ses rivales, et
l'on pouvait fort bien arriver à se dire que la souveraineté appartiendrait à plus juste titre au feu qui est le
plus subtil, « le plus honorable » de tous les éléments.
On essaya donc du feu pour centre du monde. La terre
devenait ainsi une simple planète, la plus voisine du
feu. Mais comment ne le voyons-nous pas? Parce que
la terre a, comme la lune, deux faces, l'une *droite* ou
antérieure, qui est constamment tournée vers le feu
central, et l'autre *gauche* ou ultérieure qui lui est toujours opposée et que le soleil éclaire. La première est
l'hémisphère austral où sont nos antipodes, la seconde
l'hémisphère boréal qui est celui que nous habitons. La
terre donc, à l'exemple de la lune, gravite autour de
l'astre central sans tourner sur elle-même par une rotation distincte de sa translation. Mais combien de temps
met-elle à sa révolution ? Vingt-quatre heures ! La révolution diurne du monde serait donc une illusion !
Quel gain immense qu'une telle découverte ! Les astres
errants, qui circulent à des distances et avec des vitesses
différentes autour du feu central, se trouveraient former un monde à part, un système propre, qui se déta-
cherait pareillement des étoiles fixes. Celles-ci peuple-
raient, désormais immobiles, l'immensité de l'espace,
ou, si elles se mouvaient, comme les planètes, autour du
feu, elles le feraient en une période d'une immense durée.

Mais Philolaüs, ainsi qu'on l'admet de nos jours,
avait-il bien réellement compris la portée de cette révolution de vingt-quatre heures qu'il attribuait à la terre?

3.

Nous ne le pensons pas. On avait sans doute déjà fait la
remarque qu'en descendant sur un bateau un fleuve rapide; on voit fuir les deux rives et l'on se croit immobile;
mais nul pythagoricien ne paraît avoir songé à comparer
au bateau la terre gravitant autour du feu central, et à
déclarer ainsi illusoire la révolution diurne des astres.
Cette explication de la plus grande énigme qu'offrent
les phénomènes cosmiques, par une des observations
les plus simples de la vie journalière, est postérieure à
Platon, et nous ne craignons pas de dire que le mouvement que Philolaüs attribuait aux étoiles fixes, n'était
pas autre que celui de leur révolution en vingt-quatre
heures autour du feu central. Son système tel qu'il le
comprenait, n'expliquait aucune des grandes difficultés
cosmiques, ni le mouvement diurne de l'univers, ni les
mouvements irréguliers des astres errants; s'il donnait
à la terre une révolution de vingt-quatre heures, c'était
uniquement pous sauver l'alternative de nos jours et de
nos nuits, et son feu central n'était qu'une imagination
étrange qui ne faisait qu'arracher à l'antique et vénérable déesse de la terre, le sceptre du monde, pour le
confier au plus pur des éléments. Aussi ne nous étop-
nerons-nous pas de voir Platon ne point accepter le
système de Philolaüs, dont il avait cependant été le disciple, et rester fidèle à Pythagore. Mais avant d'arriver
à Platon, nous devons nous écarter quelques instants
de notre route pour visiter, au pas de course, les écoles
que la philosophie grecque a vues éclore vers la fin de sa
première période.

La seconde école italienne, celle d'Élée, où régnait

un tout autre esprit que dans celle de Pythagore, négligea
l'étude de la nature et la pratique de la vertu pour les
questions les plus hautes et les plus abstraites de la métaphysique. Xénophane, Ionien d'origine, emprunte aux
pythagoriciens leur monde sphérique ; mais la terre en
remplit la moitié inférieure de sa masse immense et de
ses énormes racines. Parménide accepte la terre sphérique pour centre d'un monde sphérique, mais au delà
tout n'est pour lui qu'incertitude et vaines opinions.

Empédocle d'Agrigente, dont les doctrines manquent
d'ailleurs de précision et de clarté, a introduit dans la
science astronomique une idée, dont Anaxagore s'est
emparé, et que Descartes a reprise en la modifiant :
celle d'un tourbillon. « Si la terre ne tombe pas, c'est
qu'elle est soutenue par le rapide mouvement du ciel
ou du monde, qui tourne constamment sur lui-même ;
la vitesse est immense à la circonférence, moyenne au
demi-rayon, nulle au centre. »

Anaxagore nous ramène de la Grande-Grèce chez les
Ioniens de l'Asie Mineure, dont il fut le dernier grand
philosophe. On l'appelait l'*Intelligence*, parce qu'il avait
le premier retrouvé, par la voie philosophique, l'idée
traditionnelle d'une *Intelligence* divine. Il se fit son système du monde avec le tourbillon d'Empédocle et un
aérolithe qu'il crut tombé du soleil. « Les astres, qui sont
tous fort petits, le soleil lui-même n'ayant que la grandeur du Péloponèse, sont des fragments de la terre, des
rochers, qu'enlève l'éther par la violence de sa révolution, et qu'il enflamme par l'élan qu'il leur imprime. »
La notion de la force centrifuge s'introduit ainsi dans
le grand courant des idées cosmogoniques.

Les deux philosophes atomistes, Leucippe et Démocrite, sont tout Ioniens par leur cosmologie. La terre,
pour le premier, est un tambour de basque, un hémisphère au-dessus duquel est celui du ciel ; pour le second, un disque qui est au dedans d'une sphère creuse
et solide, et qui repose comme un couvercle sur l'air
comprimé. Si Démocrite a deviné que la voie lactée
était une accumulation de petites étoiles, il ne faut pas
oublier que dans un monde aussi étroit et bas que l'é-
tait le sien, les petites étoiles devaient n'être, pour
ainsi dire, que des points, et que Anaximandre (1)
croyait les étoiles fixes des clous fichés au firmament.

L'esprit philosophique déserta les écoles des Ioniens
et celles des Italiotes, pour établir sa demeure à Athènes, où vinrent confluer leurs principes contraires, et il
s'incorpora en Socrate.

Socrate, qui a fait descendre la philosophie des cieux
sur la terre, ne s'occupa point de cosmologie ; mais il
créa une science morale nouvelle, la théologie astronomique, que, dans les temps modernes, ont cultivée avec
un succès croissant, Nieuwentyt, Derham et (dans les
traités de Bridgewater) Whewell. Les prophètes hébreux, pleins du Dieu qui les inspire, le voient dans ses
œuvres et exaltent, en parlant des cieux, sa gloire et sa
puissance : le philosophe athénien, à qui Dieu ne s'est
point révélé, cherche et trouve les traces d'une Intelli-

____

(1) Plutarque, *de Plac. phil.* II, 14, dit Anaximène. Il y a certainement erreur de copiste.

gence pleine de bonté dans les cieux et sur la terre.
Pythagore espérait, par la contemplation des harmonies cosmiques, rétablir l'harmonie dans l'âme humaine :
Socrate, dont l'esprit positif et lucide ne se berce pas
d'illusions, et qui vise moins haut pour frapper à coup
sûr, se borne à convaincre par les causes finales les
déistes de son temps (1), de la grandeur de l'Être suprême qui, invisible comme l'âme, voit tout d'un seul
regard, qui entend tout, qui est partout et qui porte en
même temps tous ses soins sur toutes les parties de
l'univers. Il faut lire, dans le *Phédon*, la juste et sévère
critique, qu'à l'heure de sa mort, le sage fait d'Anaxagore, qui met bien en tête de son système l'Intelligence, mais qui n'explique rien par elle, par sa sagesse,
par sa puissance, et ne sait parler que de l'air, de l'é-
ther, de l'eau et d'autres choses aussi absurdes.

Socrate (qui mourut l'an 400), insistait avec une telle
force sur la piété, la tempérance, la justice, la mo-
destie, sur la pratique de toutes les vertus, qu'il était à
peine encore un vrai Grec. Son disciple, Platon, reprit
le fil des spéculations astronomiques au point où l'a-
vaient laissé Pythagore et Philolaüs.

Platon, dans ses mythes cosmologiques comme dans
l'exposition scientifique de son système, suppose toujours la terre sphérique se tenant en équilibre (2) au
centre du monde.

Ces mythes ont un sens moral et non physique.

(1) Comme Aristodème dans Xénophon. *Mémor.*, I, 4.
(2) Ovide, dans les vers cités plus haut, traduit un passage fort
remarquable du *Phédon.*

Dans *Phèdre*, le ciel, au-dessus de la terre, s'étend jusqu'à une voûte solide qui sépare le monde inférieur des phénomènes et de la matière, du monde supérieur des idées immatérielles. C'est sur ce dos du ciel que les dieux, sauf l'immobile Vesta, promènent leurs chars ailés en remplissant leurs fonctions, et c'est là que s'élancent d'en bas les âmes divines. Dans le *Phédon*, le monde éthéré des idées est superposé à l'océan atmosphérique dans lequel nous vivons, comme l'air l'est à son tour à la mer, et notre terre s'élève au-dessus de l'air jusque dans l'éther, comme par des plateaux d'une prodigieuse hauteur. C'est là qu'est le vrai ciel, la vraie lumière, la vraie terre avec ses pierres transformées (1).

Platon aborde en philosophe et en savant les problèmes cosmiques dans le dernier livre de la *République*. Il revient à l'hypothèse d'Anaximandre, et imagine huit sphères concentriques, enchâssées les unes dans les autres comme des boîtes, traversées par le même axe de diamant, qu'il place entre les mains de la Nécessité (ou de la Loi immuable), et tournant avec des vitesses inégales. Mais cette mécanique céleste ne rendait point compte de la marche errante des planètes. On rapporte que « Platon invita les astronomes de son temps à exa-
» miner par quelle combinaison de mouvements circu-
» laires on parviendrait à sauver les phénomènes. »
C'était le temps où Eudoxe inventait un système fort compliqué de sphères, concentriques très-nombreuses qui tournaient sur des axes différents. Peut-être Platon

(1) Comp. Apoc. 21, 21 : l'or-cristal.

avait-il présente à l'esprit cette mécanique céleste d'Eudoxe, quand il composa son *Timée*.

Le *Timée* est l'un des ouvrages de la vieillesse de
Platon. Le philosophe de l'idéal a fléchi dans sa lutte
contre la réalité, et on le voit, dans tous les domaines,
faire une large part au mal et au désordre. « Ces huit
sphères concentriques qui offraient naguère à son aspect un tableau d'une admirable simplicité, ne répondent point aux phénomènes : il faut consentir à faire
entrer dans l'explication du monde l'irrationnel, l'imparfait, le mauvais. Les substances mêmes dont l'univers
est formé contiennent un élément de corruption, et
Dieu, qui n'a pas créé la matière et qui a uniquement
façonné le monde, n'a pas voulu former de ses propres
mains la race humaine. »

« Le monde, d'après le *Timée*, est un être animé, sphérique et parfait, où la matérialité décroît de la terre,
qui est au centre, par les éléments et les planètes, jusqu'aux étoiles fixes et à l'éther. Dieu a formé ce grand
être d'après un modèle éternel, en soumettant à l'ordre
la matière, qui s'agitait d'un mouvement confus, et en
mettant dans ce corps qu'il en tirait, une âme douée
d'intelligence. Cette âme a son foyer au centre, dans la
terre, et elle se répand de là dans le monde entier
qu'elle gouverne et fait mouvoir, et qu'elle enveloppe
de toutes parts par delà sa surface. Mélange de trois
substances, dont la plus pure est *le Même*, elle est dis-
tribuée dans l'intérieur du corps universel selon les
proportions des tons musicaux (comme l'avait déjà
dit Pythagore), et à chaque ton correspond la sphère
d'un des sept astres errants. Le Même prévaut dans

la sphère des étoiles fixes, et l'âme imprime depuis
la terre à cette sphère un mouvement de révolution
ou de rotation qui s'opère de l'est à l'ouest en vingt-
quatre heures. Ce mouvement se communique aux
sept autres sphères et la terre y participe ; car elle
se presse et se serre autour de l'axe cylindrique du
monde, et c'est elle qui a la fonction de surveiller et de
régler la révolution diurne de l'univers. Les sept sphères
comprises entre la terre et les étoiles fixes tournent
avec des vitesses inégales sur un axe qu'il faut chercher
dans le plan de l'écliptique, et selon une direction de
l'ouest à l'est, contraire à celle du *Même*. Elles forment
la région multiple où prévaut le second et imparfait
élément de l'âme du monde, l'*Autre*. » On devrait
croire que, la terre étant le foyer de cette âme, l'homme
serait le plus parfait des êtres, mais il n'en est pas
ainsi : « Dieu a fait lui-même les astres, qui sont des
dieux ; mais il a confié à ses enfants, les dieux visibles
et les dieux invisibles, le soin de former l'homme et les
autres êtres mortels, qui l'auraient égalé s'ils eussent
reçu directement de lui la vie. »

Mais si Dieu ne pouvait former l'homme sans, pour
ainsi dire, se compromettre, il se compromettrait aussi
en prenant immédiatement soin de lui, et voilà Platon
qui creuse un abîme entre l'homme et Dieu. Si la corruption (κακία) de la nature humaine est le résultat
nécessaire de la matière éternelle dont il a été formé, il
n'est plus qu'à demi responsable de ses péchés, et
Platon ébranle tous les fondements de la morale. Si
Dieu n'a pas voulu égaler l'homme à lui-même, Platon
n'a plus le droit de proposer à celui-ci pour but suprême

de ses efforts, de ressembler à Dieu dans les limites du possible, et il ne se maintient point au niveau de Pythagore, qui admettait un commerce direct de l'âme avec la divinité. Par le *Timée*, la philosophie grecque, après avoir atteint son point culminant, fait le premier pas sur la pente du déisme, au bas de laquelle l'attend Épicure.

Ces doctrines cosmiques du *Timée* nous offrent une idée nouvelle : la rotation de la terre sur elle-même. Mais cette rotation-là est une vaine fiction et nullement une découverte astronomique. L'axe sur lequel la terre tourne en un jour, est celui du monde même, et le mouvement diurne de la terre est la conséquence ou la condition de celui que le monde exécute en même temps qu'elle. Il est bien vrai que si la terre suit le mouvement de l'axe du monde, le mouvement du monde devient nul par rapport à elle. Mais Platon s'était aussi peu rendu compte que Philolaüs, de la portée de son hypothèse, et, par un mélange qui nous paraît monstrueux, il a bien réellement fait entrer dans sa cosmologie deux articles qui se contredisent (1).

D'après Théophraste, Platon dans sa vieillesse aurait changé ses vues cosmiques, se serait repenti d'avoir placé la terre au centre du monde, et y aurait mis un astre meilleur, qu'on ne nomme pas, et qui ne pourrait être que le feu de Philolaüs ou que le soleil. L'auteur du *Timée* nous paraît être encore à une immense distance du système héliocentrique. Toutefois un philoso-

---

(1) Je me range à l'opinion de Grote, qui me paraît jeter un grand jour sur le développement des systèmes cosmiques des Grecs.

phe tel que Platon peut avoir eu vers la fin de sa vie un
éclair de génie, qui lui aurait montré tout à coup la
vérité qu'il avait en vain poursuivie pendant toute sa
carrière. Platon aurait donc été le Copernic de l'antiquité, et l'on a cru en trouver la preuve dans le livre
septième des *Lois* qui est le dernier des écrits de Platon,
et qui renferme quelques lignes fort extraordinaires :
« L'astronomie est une science belle, vraie, utile à l'État
» et agréable à la Divinité, et cependant on dit qu'il
» n'est pas permis de se livrer aux recherches cosmolo-
» giques. Cette science seule peut nous apprendre à ne
» pas tenir au sujet des grands dieux, le soleil et la
» lune, des discours dépourvus de vérité et blasphéma-
» toires. Nous les disons des planètes, et il n'est point
» vrai que ces deux astres ni aucun autre errent dans
» leur course; au contraire chacun d'eux n'a qu'une
» route et non plusieurs; ils parcourent toujours le
» même chemin en ligne circulaire, et ce n'est qu'en
» apparence qu'ils en parcourent plusieurs.. Mais
» c'est là une science, tout à la fois difficile et fa-
» cile, toute nouvelle, une grande merveille, un para-
» doxe, qu'on ne pourra supporter. » Puis, l'écrivain
passe à un autre sujet sans s'expliquer autrement. Mais
le texte dit très-clairement que cette science nouvelle
et paradoxale ne faisait point du soleil un astre immobile au centre de l'univers. Il faudrait donc supposer
ici que Platon et ses disciples après lui auraient induit à
dessein le public en erreur sur leur vraie pensée, tant le
martyre de Socrate leur aurait inspiré de terreur! Sans
doute Philolaüs avait déjà porté une grave atteinte à la
dignité de la terre; mais au moins ne modifiait-il en rien

la position du soleil et de la lune, ou d'Apollon et de Diane. Mais que le soleil devienne le centre du monde : Phœbus ne se lève ni ne se couche plus, n'a plus de coursiers, ne peut plus prêter son char à Phaëthon; Diane n'est plus sa sœur; Latone n'est donc plus leur mère à tous deux, et avec leurs mythes s'ébranlent et croulent tous les autres. L'astronomie soulève bien alors un des coins du voile qui dérobait au vulgaire la vraie figure du paganisme : il n'est que mensonge, et ne peut subsister qu'en interdisant à cette science de faire aucune recherche sur le vrai système du monde. Mais ce qui ne permettra jamais d'affirmer que la découverte du système de Copernic soit due à Platon, c'est qu'Aristote, dans ses nombreux écrits, ne fait pas la moindre allusion à une cosmologie pareille.

Le Dieu de Platon, s'il n'avait pas créé la matière, était au moins l'architecte du monde. Le Dieu d'Aristote est le premier moteur d'un monde éternel comme lui.

Dans le *Timée*, la puissance qui anime et régit le monde, a son siége et son foyer dans la terre. Chez Aristote elle réside à la circonférence; c'est une substance spéciale, qui est distincte des quatre éléments, qui occupe la partie divine du monde, qui en vertu de sa propre nature se meut constamment en un cercle et qui imprime au monde entier son mouvement diurne. La terre, immobile au centre, n'exerce plus aucune fonction dans l'univers, dont elle occupe la place la moins honorable.

Pour la structure du monde, Aristote est le continualeur d'Eudoxe. Ami de Platon et disciple du pythagoricien Archytas, Eudoxe avait été le premier astronome qui ne fût pas philosophe, et qui, répudiant les spéculations cosmologiques, eût tenté de fonder sa science sur l'étude attentive des faits et sur leur observation directe. Il avait recueilli auprès des Égyptiens des observations nombreuses et précises sur les mouvements des planètes, et en même temps combattu avec ardeur, au nom de la volonté et de l'intelligence humaines, l'astrologie, qui, venue d'Orient, commençait à infecter la Grèce. Empruntant aux Ioniens leurs cieux solides, aux Italiens leur terre sphérique et centrale, il supposa pour sauver les phénomènes (c'était l'expression reçue), vingt-sept sphères de cristal, solides et transparentes, emboîtées les unes dans les autres, et dont les unes portaient les astres et les autres servaient de points d'appui pour tous les axes différents que réclamait la marche irrégulière des planètes. Calippe et Aristote achevèrent la construction de cette mécanique céleste, en portant le nombre des sphères à cinquante-cinq.

Cependant, en astronomie, Aristote consultait bien plus la raison que la réalité. Ce même philosophe qui, dans l'étude des animaux, observait la nature avec un soin minutieux et avec un rare bonheur, n'est dans l'étude des cieux qu'un métaphysicien aveugle, qui justifie toutes les opinions les plus fausses de son temps par des syllogismes dont les majeures sont autant de préjugés. On dirait qu'il fait instinctivement usage des deux méthodes opposées de déduction et d'induction, sans en avoir constaté la valeur relative, et jamais on ne le voit hésiter à suppléer son ignorance des faits par une hypothèse quelconqne. Aussi a-t-il légué aux astronomes d'Alexandrie, avec les sphères d'Eudoxe, une physique céleste toute pleine d'erreurs matérielles et de faux raisonnements. C'est lui en particulier qui a érigé en un axiome philosophique la perfection de la forme sphérique et du mouvement circulaire, et cette opinion a prévalu à travers tout le moyen-âge jusques à Keppler qui le premier a eu le courage de la rejeter.

Aristote, laissant la terre au centre du monde, ne troubla point la paix qui régnait encore entre l'astronomie et le polythéisme. Il paraît d'ailleurs que dans ses enseignements populaires, il démontrait avec une grande puissance à ses auditeurs l'existence de la divinité par des arguments semblables à ceux qu'avait fait valoir Socrate. On a du Stagyrite une page que nous a conservée Cicéron, et qui est une des plus précieuses reliques de l'antiquité païenne : « Supposons des hommes
» qui eussent toujours habité sous terre, dans de
» grandes et belles maisons, ornées de statues et de ta-
» bleaux et fournies de tout ce qui abonde chez ceux
» que l'on croit heureux. Supposons que sans être ja-
» mais sortis de là, ils eussent néanmoins entendu par-
» ler de la Divinité et de la puissance des dieux; qu'en-
» suite, dans un certain temps, la terre venant à
» s'ouvrir, ils quittassent leur ténébreux séjour pour
» venir dans les lieux que nous habitons. Que pense-
» raient-ils en découvrant tout d'un coup la terre, les
» mers et les cieux? en considérant l'étendue des
» nuées, la violence des vents? en jetant les yeux sur le
» soleil? en observant sa grandeur et sa beauté? en re-
» marquant que c'est lui qui fait le jour par l'effusion

» de sa lumière dans toute l'étendue des cieux? Et
» quand la nuit aurait couvert la terre de ténèbres
» épaisses, que diraient-ils en contemplant le ciel tout
» parsemé et orné d'étoiles? en considérant la variété
» des phases de la lune, son croissant, son décours, le
» lever et le coucher de tous les autres astres, leur con-
» stante régularité, leur cours immuable pendant toute
» l'éternité? Quand ils verraient tant de merveilles, on
» ne peut douter qu'ils ne fussent persuadés qu'il y
» a des dieux, et que toutes ces choses sont leur ou-
» vrage. »

Il nous est difficile d'expliquer comment Aristote
pouvait logiquement conclure l'existence de la divinité,
de la convenance et de la beauté des choses visibles
qu'elle n'a ni créées ni façonnées. Dans ses écrits scientifiques, les seuls qui soient arrivés jusques à nous, il
s'offre à nous comme le vrai fondateur du déisme. Dieu
est relégué par de là les cieux, en même temps que
l'homme est dépouillé de ses aspirations infinies, qui
pour Pythagore et Platon constituaient son intime essence, et lui permettaient de se mettre en relation directe avec Dieu. L'homme d'Aristote est dégradé par
l'abandon où Dieu le laisse, comme en Orient il l'était
par la perte de sa liberté que les astres lui ont ravie.
« Dieu est assis dans la plus haute région de l'univers. Il
agit sur le corps le plus voisin de lui, et ensuite sur les
autres corps en raison de leur proximité. Il descend
ainsi par degrés jusques au lieu que nous habitons. C'est
pour cela que les choses terrestres sont si faibles, si in-
constantes, si pleines de trouble. Il serait indigne de
la Divinité de s'abaisser aux petits détails de notre

terre : il est tel esclave du grand roi qui ne voudrait
pas descendre jusqu'à lier des hardes. Dieu donc, con-
servant sa majesté, a, du sommet de l'univers qui est
sa demeure, répandu partout des puissances intermé-
diaires (1) qui, peu nombreuses, gouvernent les choses
terrestres. Tout est soumis d'ailleurs à des lois immuables : le monde est une machine, dont Dieu met en
mouvement le premier ressort, l'impulsion se communique de proche en proche jusqu'à la dernière pièce,
chaque rouage en entraîne un autre, et bientôt tout
l'ensemble est en jeu (2). »

Substituez à ce dieu qui ne tire pas du néant la matière, le Dieu créateur dont la Révélation a doté le
monde moderne, et ces doctrines péripatéticiennes ne
diffèrent en rien du déisme des derniers siècles. Le
monde-machine; des lois immuables, dont est esclave
le Dieu qui les a établies ; l'homme privé de sa ressemblance divine, et tenu pour indigne de la sollicitude de
Dieu ; Dieu trop grand seigneur pour s'occuper des
détails : tous les principes fondamentaux du déisme
moderne sont là nettement formulés. Qu'avec les progrès de l'astronomie, la terre, au lieu d'être le plus
grossier des corps, devienne une imperceptible planète
du soleil ; que la pureté éthérée des cieux fasse place à
leur grandeur infinie, et la vieille philosophie d'Aristote n'aura rien à envier à sa jeune sœur. Seulement,

(1) Arist. Météorol. 12, 8.

(2) *Lettre* soit disant *d'Aristote à Alexandre*, et Apulée, *de Mundo*.
La *Lettre* n'est pas d'Aristote, mais elle reproduit certainement ses
opinions. Elle est presque identique avec le traité d'Apulée qui déclare avoir suivi Aristote et Théophraste.

le Stagyrite vivait chez un peuple païen, à qui Dieu ne s'était point fait connaître, comme il l'a fait à Israël et à l'Église.

Tandis qu'Aristote remplissait la Grèce de ses erreurs et de sa gloire, des hommes obscurs, sortis des écoles de Platon et de Pythagore, frayaient la route qui, à leur insu, aboutissait au système héliocentrique.

Un Héraclide, originaire du Pont en Asie Mineure, qui avait été l'élève et l'ami de Platon, découvrit enfin que si l'on supprimait l'axe du monde et faisait tourner la terre sur son propre axe, d'occident en orient, en vingt-quatre heures, le ciel serait immobile et sa révolution diurne, d'orient en occident, ne serait plus qu'une erreur de nos sens. C'était trouver bien tard la chose du monde la plus simple et la plus évidente; mais aussi longtemps qu'on n'avait pas découvert qu'un corps qui se meut peut sembler en repos, et que son repos apparent donne un apparent mouvement aux autres corps qui sont réellement en repos, il était impossible de se rendre compte de l'ordre merveilleux qu'on introduirait dans le système du monde en supposant que la terre circule en une année autour du soleil immobile.

Le même Héraclide avait trouvé lui-même ou appris des Chaldéens, que Vénus et sans doute aussi Mercure tournaient autour du soleil. Voilà la terre à qui l'on enlève déjà deux de ses planètes, tout en lui laissant encore sa place centrale.

Mais Héraclide ne fut point écouté par ses condisciples, et l'école de Platon resta fidèle à la cosmologie du *Timée* : tant l'effrayait l'idée de déclarer en repos ce monde, que chacun voit tourner sur lui-même en vingt-quatre heures.

Dans ce même temps, deux pythagoriciens, nés l'un et l'autre à Syracuse, Hicétas et son disciple Ecphante, enseignèrent que la terre, au centre du monde, tournait sur elle-même en un jour, et que le monde même était en repos. Ils affirmaient comme étant la vérité, ce qui n'était pour Héraclide qu'une hypothèse ingénieuse.

D'autres pythagoriciens, cherchant à concilier les anciennes doctrines de Philolaüs avec celles de leur époque, firent de l'anti-terre l'hémisphère de nos antipodes, et placèrent le feu central au dedans de la terre, qu'ils supposaient creuse et qui, toujours au centre du monde, exécutait autour de ce feu son mouvement diurne.

On prétend aussi que des pythagoriciens ont substitué aux sphères massives d'Anaximandre, d'Eudoxe et d'Aristote, de simples cercles qui rendaient le-même service, et inventé les épicycles et les cercles excentriques qui ne peuvent circuler que dans le vide, dans l'éther. Ces cycles étaient d'ailleurs imaginaires, et cette nouvelle machine du monde était, non plus de la physique, mais de la géométrie. C'était, Delambre l'a reconnu, une théorie ingénieuse qui facilitait l'observation et le calcul, et c'est à ce titre qu'elle a été adoptée par l'école d'Alexandrie.

Cependant l'école pythagoricienne s'était laissé envahir par le déisme de l'époque. Elle l'aurait même exagéré, d'après un écrit qui est parvenu jusqu'à nous

sous le faux nom d'Ocellus Lucanus, et qui doit être
postérieur à Aristote :

« Parfait et sphérique, le monde, qui est éternel, se
divise en deux parties, le ciel et la terre qu'unit
l'isthme de la lune. Aux cieux, l'immortalité, l'activité continuelle et la course incessante, la cause toujours
active qui engendre hors d'elle-même, la souveraineté,
et pour habitants les dieux, avec les astres qui sont autant de dieux. Dans la région de la lune, les génies.
Au-dessous de cet astre est, d'abord, la sphère élémen-
taire du feu, puis celle de l'air, et, au centre du monde,
la terre et l'eau. Toute cette région sublunaire est l'empire de la naissance et de la mort, de la Nature qui
produit et de la Discorde qui détruit; les forces s'y
épuisent et se réparent, les substances y changent de
formes, et toutes ces variations sont le résultat de l'influence des astres, dont le plus actif est le soleil. « Ce
déisme cosmologique du faux Ocellus ressemble beaucoup à l'athéisme. La divinité n'agit plus dans le monde
sublunaire, qui est abandonné à l'action aveugle des
astres.

Près d'un siècle s'était écoulé depuis la mort de
Platon, quand un mathématicien, et non un philosophe,
Aristarque de Samos, conçut le premier l'idée que le
soleil pourrait bien être le centre du monde et la terre
une de ses planètes. Il dit même en toutes lettres que
notre astre du jour est une des étoiles fixes, et à l'objection tirée de ce que la position apparente des astres
reste pour nous la même dans le cours de l'année, il
répondit que l'orbite de la terre, vue des étoiles, n'est

qu'un point, est une grandeur nulle. Un babylonien,
Seleucus, démontra la vérité de l'hypothèse d'Aristarque, et insista plus particulièrement sur l'infinie grandeur du monde.

Les inextricables difficultés qu'offraient les mouvements des astres, s'expliquent par la révolution annuelle
et la rotation diurne de la terre, et nul n'y prend garde!
L'énigme du monde physique est résolue, et nul ne
s'en émeut! Le vrai système cosmique est exposé par
d'habiles mathématiciens, et nul ne l'accepte! Nul
même ne l'attaque, et ceux qui l'ont découvert sont
réduits à réfuter les objections qu'on devrait leur faire!
Dira-t-on que le siècle n'était pas mûr pour une telle
vérité? Mais ce siècle était celui d'Euclide, d'Hipparque
et d'Archimède. D'où vient donc tant de dédain pour
la seule solution plausible de toutes ces questions qui,
depuis plus de dix générations, avaient mis à la torture
les philosophes de la Grèce? C'est que le mot de l'é-
nigme était la ruine du polythéisme; c'est que, en de-
venant le centre du monde, Phœbus détrônait et le tout
puissant Jupiter et la plus vénérable des déesses, la
Terre; c'est qu'avec notre planète tout l'Olympe aurait
dû circuler sans cesse autour du soleil; c'est que toutes
les généalogies des dieux étaient à refaire et tous les
cultes à transformer. Or, l'ombre de Socrate se dressait,
menaçante, devant les pas de tout astronome ou de
tout philosophe qui aurait été tenté d'imiter son courage, et si la piété disparaissait de plus en plus dê
toutes les sociétés grecques, la superstition et l'intolé-
rance y étaient aussi puissantes que jamais. Le stoïcien
Cléanthe était d'avis que les Grecs devaient poursuivre

Aristarque pour crime d'impiété. La crainte de la per-
sécution et du martyre étouffa à son berceau l'astronomie héliocentrique. Elle n'apparut qu'un instant sur
la scène du monde, et se retira dans les plus profondes
ténèbres, où elle fut oubliée de tous pendant deux
mille ans.

Au temps d'Aristarque, l'astronomie qui se trans-
porte en Egypte, devient de plus en plus étrangère à la
philosophie, qui continue à avoir son siége en Grèce.

La philosophie poursuit sa course descendante vers
l'athéisme. Dans le *Timée* l'homme, que Dieu n'a pas
daigné créer, vit dans la corruption et la souffrance,
mais *le Même* domine encore sur *l'Autre* et l'idéal pro-
teste contre la réalité. Chez Aristote l'homme et la
terre sont rélégués à la plus grande distance possible
de la divinité; mais l'action qu'elle exerce, parvient
pourtant jusqu'à eux. D'après Ocellus, elle les livre à
l'influence des astres. Pour Zénon elle n'est qu'une intelligence impersonnelle, une âme qui se confond avec
la nature; toutefois les stoïciens cultivent avec zèle et
non sans succès, cette théologie astronomique et physique qu'avait fondée Socrate et qu'Aristote n'avait pas
dédaignée. Epicure enfin est un athée qui ne laisse
subsister ses dieux oisifs et inutiles, que pour la bonne
façon et pour ne pas se brouiller avec la religion nationale. C'est au sein de la nuit que l'athéisme des épicu-
riens et le panthéisme des stoïciens avaient répandue
sur le monde hellénique, qu'a brillé depuis la Judée la
lumière divine de l'Évangile.

La science proprement dite de l'astronomie avait pris

naissance en Égypte, à Alexandrie. Le génie grec, qui
s'était fatigué à chercher le plan du monde par la voie
de la spéculation et de l'hypothèse, avait compris enfin
qu'il est inutile de vouloir tout expliquer, quand on ne
sait rien encore, que le commencement de la science
de la nature est l'étude exacte des faits de détails, et
que sans ces connaissances positives le système le plus
vrai en soi serait dénué de toutes preuves directes et
convaincantes. Le fondateur de l'astronomie scientifique fut, au deuxième siècle, Hipparque, à qui Eudoxe
pourrait seul contester cette gloire, et qui avait eu
pour précurseurs le célèbre mathématicien Euclide et
le savant Eratosthène. *Ami de la vérité* (comme l'appelle son disciple Ptolémée), Hipparque commença par
le premier bout la science des astres, et l'amena en
quelque sorte au point où Copernic la trouva seize siècles plus tard. Mettant de côté toutes les vieilles traditions, il dressa lui-même un catalogue des étoiles fixes,
poursuivit pendant de longues années ses observations
sur les équinoxes et les solstices et sur les mouvements
des planètes, et découvrit la précession des points car-
dinaux. La mécanique céleste des Eudoxe et des Aristote, avec tous ses cycles et ses épicycles, n'était pour
lui qu'une conception géométrique qui lui facilitait
ses calculs.

L'astronomie avait ainsi conquis son indépendance.
La musique ne viendrait plus avec Pythagore lui en-
seigner les distances des astres à la terre. Ses frontières
seraient fermées à tous les poètes et à tous les philosophes, sauf une malheureuse exception en faveur d'Aristote. Comme la terre gardait provisoirement sa place

4.

au centre du monde, la religion n'avait nulle raison de
suspecter et de contrôler les Hipparques. Aux temples
de l'antique Égypte et de l'Orient, où les prêtres avaient
consigné de nombreux phénomènes célestes, et aux
écoles de la Grèce, si fécondes en systèmes de l'univers,
avait ainsi succédé l'humble observatoire où l'on s'ini-
tiait à force de patience à la connaissance des cieux.

Trois siècles, stériles pour l'astronomie, séparent
Hipparque de Ptolémée, qui fleurit sous Adrien et An-
tonin, peu de temps avant les grandes invasions des
Barbares et le naufrage de la civilisation ancienne. Ptolémée a résumé et complété les travaux de ses prédécesseurs. Il a donné son nom au système géocentrique
de l'antiquité, parce qu'il clôt dans sa science l'histoire
du monde païen, que les écrits de ses prédécesseurs se
sont tous perdus, et que les siens seuls ont passé à la
postérité.

Son système comprend neuf cieux, tous concentriques
à la terre : les sept des planètes, sur la solidité ou la
fluidité desquels il ne s'explique pas clairement ; le ciel
solide où sont enchâssées les étoiles fixes, et le premier
mobile d'Aristote, qui emporte les huit autres cieux
en vingt-quatre heures sur les pôles du monde d'Orient
en Occident, pendant que par un effort particulier, les
étoiles fixes avancent en 36,000 ans sur les pôles de
l'écliptique d'Occident en Orient.

Dans l'hypothèse, la plus difficile, de la solidité des
cieux, il y a dans leur épaisseur, pour chaque planète,
un cercle vide, un très-large canal qui est excentrique
à la terre. La planète s'y meut librement, et en un sens
opposé à la révolution diurne du monde, de même

qu'on peut jeter de la proue à la poupe une boule sur
un bateau qu'emporte un fleuve impétueux. Mais la
planète marche en décrivant des spirales, enchâssée
qu'elle est à la circonférence d'un globe ou cercle,
l'épicycle, dont le centre se meut sur la circonférence
de l'excentrique.

Les écrits de Ptolémée, inutiles pendant six siècles,
éveilleront chez les Arabes l'amour de l'astronomie, et
les Arabes à leur tour les transmettront vers la fin du
moyen-âge, aux chrétiens de l'Europe occidentale, qui
ne tarderont pas à voir sortir du milieu d'eux Copernic.

IV

Rome.

Rome n'ajouta rien aux hypothèses et aux observations astronomiques des Grecs ni à leurs doctrines philosophiques. Elle était devenue, vers la fin de la république, ou déiste avec Cicéron, ou athée avec Lucrèce.

Cependant au milieu de l'affaissement moral du peuple-roi et des peuples vaincus, la voix des cieux qu'avaient entendue David et Pythagore, trouvait encore quelques oreilles attentives. Elle parlait au philosophe de Tusculum et au poète astrologue Manilius, de l'intelligence divine qui gouverne le vaste et bel ouvrage du monde, et qui l'a produit avec une souveraine sagesse (1); aux stoïciens, Sénèque et Marc-Aurèle, d'une paix inconnue à la terre.

Le songe célèbre *de Scipion* dans la *république* de Cicéron, ne nous offre aucune pensée nouvelle : « la terre au centre d'un monde formé de neuf sphères ; l'harmonie puissante et douce de ces cieux qui, fondant leurs tons graves et leurs tons aigus dans un commun accord, font de toutes ces notes si variées un mélodieux con-

____

(1) Cicéron, *de Nat. deorum*, 2, 5, 21. Manilius, *Astronom.*, liv. 238-245 ; 472-519 ; 2, 59-80. Mais le Dieu de Manilius se confond à demi avec la nature, 3, 47-66, tout aussi bien que celui de Cicéron.

cert; la nature corruptible et mortelle de tout ce qui
est au-dessous de la lune, tandis que au-dessus tout est
éternel; les cinq zones terrestres, dont une est brûlée
par les ardeurs du soleil et l'autre habitée par les antipodes. » Le sentiment qui domine dans cette ingénieuse fiction, est celui de la grandeur des cieux et de
la petitesse de la terre, des magnificences du monde
des astres et des défectuosités de notre globe, de la briè-
veté du temps où vit l'homme, et de la durée immense
des périodes cosmiques. Aussi « l'âme noble et grande
» qui est descendue des cieux pour commander aux na-
» tions, doit-elle mépriser toutes les choses humaines,
» ne songer qu'à se faire ouvrir par ses vertus les
» portes des cieux, et s'habituer dans la prison du
» corps à prendre son élan vers sa vraie demeure. »

Les mêmes pensées se retrouvent dans Sénèque (1) :
« L'âme est au comble de la félicité, quand elle prend
l'essor vers le ciel, et que, se promenant au milieu des
étoiles, elle se voit en état de mépriser les superbes palais et tous les trésors des riches. Elle regarde d'en haut
tout le globe terrestre, et le voyant si resserré, elle se
dit à elle-même : Est-ce là ce petit point dont tant de
nations se disputent le partage par le fer et le feu, tandis que là-haut sont de vastes espaces en la possession
desquels est admis l'esprit qui n'emporte avec lui que
le moins possible des affections du corps, et qui, con-
tent de peu, ne tient à rien ici-bas? Quand un tel esprit s'est une fois élevé jusques à ces régions célestes,

____

(1) Sénèque, *De Nat. Quest.*, prof.; comp. aussi Pline, *Hist. Nat.*
2, 68.

il s'y nourrit, il grandit, et délivré, pour ainsi dire, de
ses chaînes, il retourne à sa première origine. Il a
même une preuve de sa divinité en ce que les choses
divines lui plaisent, et qu'il en jouit comme d'un bien
qui lui est propre. Il les contemple, les sonde, et c'est
là qu'il apprend enfin ce qu'il a longtemps recherché,
c'est là qu'il commence à connaître Dieu. »

Marc-Aurèle approuve les Pythagoriciens qui regardaient le ciel à leur lever afin de se souvenir des êtres
qui font toujours leur ouvrage de la même manière
sans inconstance ni variété, et pour penser à leur ordre,
à leur pureté et à leur simplicité toute nue ; car les astres n'ont point de voile pour se cacher. « Il faut, dit-il
ailleurs, contempler le cours des astres comme si nous
marchions avec eux. Ces sortes de pensées purgent et
emportent les ordures de cette vie terrestre (1). »

Ce n'étaient pas là les pensées qu'à cette époque surtout, la contemplation des cieux faisait naître chez
le commun des hommes. L'astrologie, qui, nous l'avons
vu, avait franchi depuis longtemps les limites de la
Chaldée et de l'Egypte son double berceau, et qui avait
pénétré chez les Grecs avant Alexandre, s'était intro-
duite à Rome dans le siècle d'Auguste, ainsi que l'atteste Manilius, contemporain de ce César. Moins d'un
siècle plus tard, du vivant de Pline, «elle commençait
à se fixer dans les esprits ; le vulgaire lettré et le vulgaire ignorant s'y précipitaient également (2). » La

(1) *Réflexions morales de Marc-Antonin*, 11, 23 et 7, 49. Comp.
12, 49. Comp. 12, 34 ; 11. Il s'applaudit d'ailleurs de n'avoir point
voulu pénétrer dans la connaissance des choses célestes, 1, 17.
(2) *Hist. nat.* 2, 5.

Judée elle-même n'échappait point à cette peste, dont le Talmud fut infecté non moins que la Kabbàle, et parmi les écrits qui nous sont parvenus sous le nom vénéré de Ptolémée, il en est qui exposent et professent les absurdes doctrines de l'astrologie.

C'est ainsi que vers l'ère chrétienne, le monde civilisé, adoptant ou le dogme oriental du fatalisme astrologique, ou les doctrines grecques de l'athéisme épicurien, ou le déisme des stoïciens de Rome, croyait l'homme appelé à vivre, soit dans l'esclavage des étoiles, soit dans la licence de ses passions, soit par sa seule force dans la tempérance, quand le Messie parut en Judée et que sa doctrine se répandit dans tout le monde.

V

Le Monde chrétien.

A. — L'Église des premiers siècles.

Le Messie venait par sa mort expiatoire sauver les hommes qui croiraient en lui, de l'éternelle condamnation à laquelle les vouaient leurs péchés. Dans leurs angoisses à la vue de l'abîme entr'ouvert sous leurs pas, ils n'eurent plus d'yeux que pour la croix où mourait leur Libérateur, et les merveilles des cieux et de la terre n'existèrent en quelque sorte plus pour eux. Tels les matelots dont le navire vient de se briser contre un écueil invisible, en face d'une côte dont les belles et pittoresques montagnes sont couvertes des plus riches forêts : ils n'ont point de sens pour les magnifiques aspects qui se déroulent devant leurs regards, pour les doux parfums qui leur arrivent de la terre, pour les chants joyeux des oiseaux qui voltigent dans les airs : le monde, c'est pour eux ce frêle esquif que le dévouement d'un ami inconnu dirige vers eux au travers des rescifs. C'est ainsi que la croix du Christ est devenue la première et habituelle pensée des fidèles, et ils ont pour un temps perdu complètement de vue la nature.

D'ailleurs, à leurs yeux se dévoilait un monde supé-

rieur, bien plus admirable et splendide que celui de la
nature. L'âme sauvée était initiée à une vie toute nouvelle, et subissait par la naissance d'en haut une vraie
transformation. Non-seulement elle faisait la découverte
d'elle-même au flambeau de l'Évangile qui lui révélait
son état présent de complète corruption et sa vocation à
une gloire divine; mais elle recevait de Dieu et sentait
naître en elle un amour divin, une foi, une espérance,
un zèle, une sainteté dont elle ne s'était fait jusques
alors aucune idée. Elle sortait des ténèbres du péché,
pour vivre à la lumière de la vérité; elle s'élevait des
basses régions de la vie *psychique* dans la haute sphère
de l'Esprit et de la vie éternelle. Là se posaient devant elle
les mystères de la Trinité, de la rédemption, de la prédes-
tination, du salut gratuit, des sacrements. L'Eglise se
voyait ainsi entourée d'horizons tout nouveaux, et il devenait évident que ceux des fidèles qui recevaient de Dieu
le don de science, créeraient et développeraient la théologie et ne seraient point des astronomes ou des géographes.

Cependant l'Evangile donnait une forme distincte
aux vagues pressentiments que les prophètes hébreux
avaient eus de la royale grandeur de l'homme, et pré-
parait les temps futurs où sa dignité cachée brillera
dans tout son éclat aux yeux de l'univers entier.
L'homme parfait a apparu dans la personne de Jésus-
Christ; Jésus-Christ est le Seigneur auquel « toute puissance a été donnée au ciel et sur la terre, » le chef ou la
tête en qui toutes choses doivent un jour se résumer (2);

(1) Math. xxviii, 18 ; Jean, iii, 35.
(2) Ephés. i, 10.

les hommes qui croient en lui, s'identifient avec lui
et deviennent ses frères; sa gloire devient donc leur
gloire, sa puissance leur puissance, sa royauté leur
royauté, et l'Eglise ou l'humanité fidèle marche sur
un chemin qui aboutit au trône de Dieu. Ce chemin
lui a été frayé par le Verbe incarné : que lui importe-
raient les dimensions mathématiques de la terre qu'elle
laisse derrière elle, ou sa place dans le système de l'u-
nivers?

Il me semble entrevoir que, d'après le plan primitif
de l'histoire, l'Eglise de la croix devait passer deux
mille ans, toute concentrée en elle-même, à étudier
par ses docteurs les mystères du monde spirituel. Les
sciences naturelles, après avoir été cultivées avec quelques succès par les Arabes, se seraient transportées chez
les peuples chrétiens, où l'on aurait scruté les mystères
du monde physique par la méthode d'observation, avec
droiture et simplicité, sans mêler aux découvertes
scientifiques des dogmes théologiques, comme aussi sans
essayer de faire tourner contre la foi ces découvertes.
Puis, au temps fixé de Dieu, la foi et la science se seraient rencontrées, et la première aurait emprunté à la
seconde de nouveaux motifs d'adoration et d'actions
de grâce. A tout prendre, les décrets divins se sont exé-
cutés ou ils le seront plus tard; mais le péché est in-
tervenu, et l'esprit humain, tout en suivant l'orbite que
lui a tracée la main d'un Dieu tout-puissant, a subi de
violentes perturbations. L'Eglise est sortie de son domaine spirituel en déclarant vrai en astronomie ce
qu'elle ne savait point par révélation; la science s'est
trop souvent mise au service de l'incrédulité; les deux

sœurs se sont brouillées, et il est réservé à un avenir
plus ou moins éloigné de les réconcilier.

B. — LE MOYEN-AGE.

Pendant les premiers siècles de notre ère où l'Eglise,
constamment persécutée, convertissait le monde et
cherchait à se rendre compte de ses croyances et de ses
devoirs, on trouve chez les écrivains chrétiens fort peu
de passages relatifs à la nature, et dans ces passages
la simple expression des sentiments que la contemplation des œuvres de Dieu fait naître en une âme re-
nouvelée et comme approfondie par la piété chrétienne.
Parfois, à l'exemple des psalmistes d'une part, de Socrate et d'Aristote, de Cicéron et de Sénèque d'autre
part, ces auteurs apprennent à leurs frères à reconnaître le Dieu créateur dans ses bénédictions temporelles
et dans l'ordre du monde physique (1).

Mais, avec le quatrième siècle, semble s'ouvrir une
ère nouvelle : l'idolâtrie est vaincue et l'Église respire ;
l'arianisme a été condamné et la foi au Fils éternel de
Dieu a la conscience de sa vérité. L'âme chrétienne a
maintenant assez de loisirs pour satisfaire ses légitimes
instincts du beau, et comme elle se ferait scrupule d'admirer les chefs-d'œuvre des arts que le paganisme grec
et romain a légués à l'Église, elle concentre sur la nature toute son admiration. Mais ce ne sont là que les
premières lueurs d'une aurore prématurée ; elles s'étein-
dront dans les tempêtes de l'invasion des barbares et dans

(1) Voyez Tertullien, *Apol.*, 17. — Minutius Felix, Octavius, 17-
33. — Lactance, *Institutions divines*, l. I ; III, 9 ; VI, 1 ; VII, 3-5.

la longue nuit du moyen-âge. Saint Basile décrit les magnificences des cieux où brillent des fleurs éternelles, la beauté de la mer, les charmes de la montagne qui domine de riches vallées, comme nul ne l'avait fait avant lui dans l'antiquité païenne, comme nul ne le fera après lui avant J.-J. Rousseau et Bernardin de Saint-Pierre ; ses *Homélies sur les six jours de la création* resteront un écrit unique en son genre jusques à Duguet, et saint François de Sales dans son traité de *l'Amour divin* sera le premier, après saint Basile, à tirer des phénomènes de la nature et des récits, vrais ou faux, des naturalistes, d'ingénieuses leçons de morale ou de dévotion.

Basile, dans son *Hexaméron*, se propose d'élever à Dieu par l'étude de la nature les cœurs de ses auditeurs, la plupart fort ignorants ou peu lettrés. Il y fait preuve d'une connaissance très-exacte de toutes les sciences positives de son temps, et d'un rare talent de mettre à la portée de tous les vérités physiques et mathématiques, telles par exemple que la suspension de la terre sphérique au centre du monde. Adversaire déclaré de l'interprétation allégorique d'Origène, il démontre, en un style grave et majestueux, l'existence de Dieu, sa toute-puissance et sa sagesse par l'ordre et l'harmonie du monde qui est « l'ouvrage exposé aux » regards des hommes pour qu'ils en admirent l'ouvrier » suprême, mais qui, comparé à la puissance infinie » de Dieu, diffère peu de ces gouttes qui s'enflent à la » surface des eaux. » Tout en enseignant à ses auditeurs la vérité révélée, Basile combat avec beaucoup de clarté, de force et de mesure, les philosophes qui sou-

tiennent l'éternité du monde ou celle de la matière ;
les gnostiques et les manichéens faisant des ténèbres et
du mal un principe éternel ; les astronomes, « dont pas
» un seul n'a su avec toute sa science s'élever jusque
» au Dieu créateur, » et les astrologues qui comptaient
dans l'Église de nombreux partisans. Mais un écrivain
inspiré n'aurait pas, comme l'a fait l'évêque de Césarée,
accepté pour vraies plusieurs des erreurs de son temps,
et justifié par ces erreurs une interprétation fautive
du texte sacré : Basile admet que le firmament est dans
un certain sens une voûte solide qui supporte, comme sur
une plate-forme, les eaux supérieures ; il attribue à la
lune plusieurs influences physiques imaginaires, et la
génération équivoque ne fait pour lui aucun doute.

Saint Basile, faillible comme tout mortel, a pu se
tromper sur le vrai sens des livres saints ; mais s'ils
étaient pour lui la révélation de Dieu, au moins ne
poussait-il pas son respect jusqu'à la superstition et
son obéissance jusqu'à la servilité. L'Église occidentale
et latine faisait preuve de moins d'intelligence que lui :
elle s'engageait dans une voie déplorable qui devait
aboutir à un immense scandale.

Peu de temps avant Basile, Lactance avait prétendu
que la terre avait quatre angles, et s'était élevé contre
la forme ronde qu'on lui donnait d'ordinaire. Ces quatre
angles, il les trouvait dans deux passages de l'Apoca-
lypse, où il est question de la terre ferme et nullement
de la planète elle-même (1), et dans un texte de saint

____

(1) Math. 24, 31 ; Apoc. 7, 1, et 20, 8. V. de Santarem. *Essai sur
l'histoire de la Cosmographie pendant le moyen-âge*, t. I, p. 244.

Matthieu où Jésus-Christ parle des quatre vents. Saint
Augustin et saint Jean-Chrysostôme furent du même
avis que Lactance, et cette cosmographie, soi-disant
biblique, fut réduite en un système par Cosmas, qui
opposa, dans le sixième siècle, sa mappemonde à la
théorie ptoléméenne de la rondeur de la terre, et qui
fit autorité pendant le moyen-âge. La terre est pour lui
un parallélogramme, et à l'est, au delà de l'océan, est
le Paradis ou la terre antédiluvienne, entourée, sur
ses quatre côtés, de murs perpendiculaires, qui rappel-
lent les monts Kaf des Arabes et certains mythes in-
diens. Le Paradis rejoint les cieux par une de ses extrémités (1).

La thèse des quatre angles de la terre, n'ayant pas
rencontré de contradicteurs, fut peu remarquée et
causa fort peu de sensation. Il n'en fut pas de même
de celle des antipodes. Nous avons vu que l'*anti-terre* de
Philolaüs était devenue l'hémisphère austral de notre
globe. C'était dans cet autre monde (*alter orbis*) que
Pomponius Méla avait placé, avec raison, les sources
du Nil, dont il expliquait ainsi le débordement. Au
cinquième siècle, Macrobe, qui a exercé une grande
influence sur les cosmographes du moyen âge, ne faisait qu'exprimer une opinion fort répandue, quand il
donnait, d'après Cicéron, à la terre sphérique une
zone tempérée australe, séparée de nos contrées par
l'infranchissable barrière de la zone torride, et habitée
par une autre espèce d'hommes que la nôtre. Cette hypothèse, qui se basait sur des considérations toutes
théoriques, fut adoptée, dans le huitième et le neu-

(1) Santarem, id. t. 1, p. 12, 100, 114 ; t. 2, p. 81 et suiv.

vième siècles, par Bède le Vénérable, Virgile, évêque
de Salzbourg, et Raban Maur. Mais Lactance avait déjà
traité d'extravagants, ceux qui prétendaient qu'il y a
des hommes qui ont les pieds en haut et la tête en bas,
un monde où les arbres croissent en descendant, et un
ciel au-dessous de la terre. Saint Augustin n'affirmait
pas ; mais il disait, en s'appuyant sur la Bible, que s'il y
avait une anti-terre, les hommes qui l'habitaient ne
seraient pas de la postérité d'Adam, et le pape Zacharie
censura publiquement, par cette même raison, l'évêque
Virgile, qui enseignait l'existence des antipodes, et qui
ajoutait qu'ils formaient une race d'hommes différente
de la nôtre. Cette censure de l'évêque de Rome fut
d'un grand poids pour les générations subséquentes.
Elle n'empêcha pas, sans doute, de se ranger à l'opinion de Virgile, Albert le Grand, Pierre des Vignes,
chancelier de Frédéric II, et après eux d'autres per-
sonnages moins célèbres. Toutefois, le cosmographe du
roi Charles V, de France, déclarait que cette hypothèse
d'une anti-terre « n'était pas bien concordable à notre
» foi ; car la loi de Jésus-Christ a été prêchée par toute
» la terre habitable, et, d'après cette opinion, telles gens
» n'en auraient onc ouï parler, ni ne pourraient être
» soumis à l'Eglise de Rome (1). » C'est ainsi que par
une fausse intelligence des vérités révélées, on traitait
d'erronées et de pernicieuses des opinions que les sciences positives devaient plus tard transformer en des faits
incontestables.

En astronomie, l'Église d'Occident se laissa pareille-

____

(1) Santarem, t. i, p. 26 et suiv., p. 142.

ment induire en erreur par le terme de *firmament,*
que la Vulgate avait mis en vogue pour rendre le mot
hébreu d'*étendue,* et qui supposait que la voûte céleste
était solide. Or, les sphères supérieures l'étaient en
réalité, au dire de Ptolémée, et son système reçut ainsi
le sceau de la vraie et sacrée théologie, comme s'exprimaient les cartographes du moyen-âge (1).

L'astronomie, abandonnée de tous pendant le cataclysme du monde païen, avait trouvé un asile dans le
monde mahométan, chez les princes arabes de la Perse
et de l'Espagne. Elle s'y était enrichie d'observations
de détails plutôt que de découvertes, et avait d'ailleurs
vécu en une paix profonde avec l'islam. Des Mahométans, elle passa chez les peuples chrétiens, et Alphonse
de Castille ajouta aux neuf cieux de Ptolémée, entre le
firmament et le premier mobile, le *premier* et le *second
cristallin,* dont l'un, par sa révolution de vingt-cinq
mille ans, d'occident en orient, rendait compte de la
précession des équinoxes, et dont l'autre, en se balan-
çant du nord au sud et du sud au nord, modifiait l'in-
clinaison de l'écliptique.

La machine cosmique se compliquait ainsi de plus en
plus. Au temps de Copernic, elle ne comptait pas moins
de soixante-dix-sept sphères et épicycles. Elle se trouvait par là en contradiction manifeste avec cet instinct
fondamental de notre âme, qui nous fait rechercher,
sans jamais nous lasser, la simplicité dans toutes les
œuvres de Dieu. Aussi y avait-il plus de franchise que
d'irrévérence dans l'exclamation d'Alphonse le Sage :

(1) Santarem, t. I, p. 240.

« Si Dieu m'avait appelé à son conseil quand il créa
» les cieux, j'aurais pu lui donner de bons avis pour
» réformer son ouvrage. »

C. — COPERNIC ET ROME.

Le réformateur, non de l'ouvrage de Dieu, mais des
erreurs humaines qui le défiguraient, ce fut Copernic.
Il n'apparut pas seul ; Christophe Colomb et Luther
l'avaient précédé de peu d'années (1), et ces trois hommes de foi et de génie, venant tout à coup renverser de
fond en comble trois systèmes, aussi anciens que spé-
cieux, qui embrassaient tout à la fois le règne de la nature et celui de la grâce, ébranlèrent, jusque dans ses
derniers fondements, le monde moral, qui s'appuyait pa-
resseusement sur les témoignages des sens, et à qui
l'on annonçait subitement les plus étranges vérités.

Christophe Colomb, plein de foi dans l'existence de
cette anti-terre qui, depuis l'origine de l'histoire, s'é-
tait dérobée aux regards des anciens et des modernes,
et qui, d'après une fausse interprétation de la Révélation, ne pouvait exister sans la contredire, s'avança,
avec un courage héroïque, sur cet océan que l'on appelait *la mer des Ténèbres*, et découvrit un autre monde,
peuplé de végétaux, d'animaux, de peuples inconnus,

(1) Colomb, né en 1435 ou 1441, mort en 1506. Copernic, né en
1473, mort en 1543 ; Luther, né en 1483, mort en 1546. Mais les
découvertes de Colomb ont lieu de 1492 à 1502 ; Luther apparaît
en 1517, et Copernic ne publia son ouvrage que l'année de sa mort.
Ce dernier, d'ailleurs, a vécu dans l'isolement, et le mouvement
religieux de la Réforme ne l'avait point atteint.

5.

qui offrait à l'Église de nouvelles conquêtes spirituelles à faire, à la science de nouveaux problèmes à
résoudre. Les voix qui s'étaient élevées jusqu'alors
contre les antipodes, se turent en présence d'un fait
incontestable. Au reste, les découvertes des Portugais
le long des côtes de l'Afrique, avaient démontré déjà
que la *terre opposée*, qu'on avait placée dans la zone
tempérée australe, n'était que le prolongement de l'ancien monde, et que les descendants d'Adam avaient pu
aisément y arriver à travers les régions torridiennes, qui
n'étaient nullement inhabitables.

Non moins courageux que Colomb, Luther découvrit
de nouveau le monde invisible et spirituel de la foi,
dont l'Église avait, depuis les premiers siècles, oublié
de plus en plus l'étroit chemin, et qu'elle était à la
veille de perdre entièrement de vue, pour retomber dans
le monde des apparences et des œuvres extérieures.
Elle faisait de l'évêque visible de Rome son chef suprême, et plaçait le salut dans de vaines pratiques. La
Bible à la main, le Réformateur saxon rappela aux peuples germaniques, qui n'avaient pas été infectés par la
corruption de la Rome païenne, d'une part, que ce qui
fait l'homme, c'est la libre adhésion de l'esprit et du
cœur à la vérité, et l'homme pieux, la foi vivante au
Sauveur; d'autre part, que le centre autour duquel
gravite la véritable Église, c'est, non le pape, vicaire
d'un Dieu qu'il déshonorait de plus en plus par sa vie,
mais le Christ, qui règne invisible dans les cieux, la Lumière du monde, l'Orient d'en haut, le Soleil de justice.

Copernic fut le Luther de l'astronomie. D'une main

ferme, il arracha la terre du trône du monde qu'elle
avait usurpé, et y fit remonter le soleil qui en était le
souverain légitime. Cette révolution inouïe renversait
une erreur qui s'imposait à la vue et au bon sens avec
une force pour ainsi dire irrésistible; une croyance
qui avait été celle de tous les siècles et de toutes les
nations; un système qui rendait compte d'une manière
ingénieuse de tous les phénomènes célestes, qui avait
la sanction d'une Eglise qui se disait infaillible, et
contre lequel deux ou trois voix à peine s'étaient élevées dans tout le cours des âges.

Copernic devait sa découverte à sa foi implicite dans
les idées éternelles qui font l'essence de l'âme humaine.
Il était un philosophe plus encore qu'un savant, et sa
méthode fut bien moins celle de l'observation et du
calcul que celle de la spéculation. Le secret de sa force,
ce fut, au dire de Keppler, son grand génie et sa
liberté d'esprit. Exempt de toute crainte des hommes et de tout respect pour les vieux préjugés, il disait : « Je sais que les pensées d'un philosophe diffèrent
» beaucoup de celles du vulgaire; car ses efforts ten-
» dent à trouver en toutes choses la vérité. » — « Si
» des hommes légers ou ignorants voulaient abuser de
» quelques passages de l'Écriture, dont ils tordent le
» sens, je ne m'y arrêterais pas; je méprise d'avance
» leurs attaques téméraires... *Mathemata mathematicis*
» *scribuntur.* » Ce génie indépendant, si hardi devant
les hommes, s'humiliait profondément devant Dieu. Il
ne prononça que rarement dans ses écrits le nom de
l'Eternel; mais on l'y voit préoccupé de la gloire du
Créateur, et non point de la sienne propre. « Je ne ré-

» clame pas, » dit-il du fond du sépulcre à qui visite
son tombeau, « une grâce pareille à celle de Paul ; je ne
» demande pas le pardon accordé à Pierre ; mais l'objet
» constant de mes prières, c'est ce pardon que tu as
» donné au larron sur le bois de la croix. » (1)

Copernic (2), que réclame la race slave, était d'une
famille originaire de Bohême, et son père, boulanger à
Thorn, avait épousé une polonaise. Né en 1473, il grandit dans un temps où les noms de Vasco de Gama et de
Christophe Colomb retentissaient dans tout l'Occident.
Son attention se porta ainsi sur la queston capitale du
système du monde. « Cette astronomie (de Ptolémée),
» écrivait-il, n'est pas d'accord avec la sagesse du Créa-
» teur ; elle ne peut donc exister dans la nature. » —
Les épicycles gâtaient à ses yeux les sphères concentriques d'Aristote ; chaque partie du système, prise à part,
lui semblait plausible, et l'ensemble difforme. « On peut
» comparer les astronomes antérieurs à un homme qui
» aurait ramassé de divers endroits les mains, les pieds,
» la tête et d'autres parties du corps qui n'ont aucun rap-
» port les uns avec les autres, de sorte qu'il en compo-
» serait plutôt un monstre hideux qu'une créature hu-
» maine…. En examinant cette monstruosité, et le mé-
» canisme du monde, et ce manque de précision, et les
» recherches des mathématiciens, *mon âme souffrait de*

(1) Epitaphe de Copernic composée par lui-même :

Non parem Pauli gratiam requiro,
Veniam Petri non posco, sed quam
In crucis ligno dederas latroni
Sedulus oro.

(2) *Copernic et ses travaux*, par Czynski. 1847.

» *ce qu'on n'avait pas trouvé la raison certaine du mou-*
» *vement sidéral qui d'après notre avis a été créé par*
» *le plus sage et le plus parfait des ouvriers.* »

Copernic chercha avec foi, et il trouva. Guidé par
le peu qu'il savait des doctrines des pythagoriciens, il
plaça le soleil au centre du système. « Dans le magnifique
» temple de la nature, qui suspendrait cette lampe en un
» autre endroit qu'en celui d'où il peut éclairer tout l'en-
» semble ?... De son siège royal le soleil gouverne toute
» la famille des astres qui se meut autour de lui...
» Nous découvrons ainsi dans le monde une admirable
» symétrie, et dans les grandeurs et les mouvements
» des astres une harmonie établie, qu'on ne trouve par
» aucune autre voie. » Puis, après avoir vérifié par le
calcul et l'observation cette hypothèse, il ne dit point :
« Tel est mon système, » mais il s'écrie : « Tant est
» grande l'œuvre du Dieu tout bon et tout-puissant. »

La meilleure preuve de la vérité de sa découverte,
c'était à ses yeux, que « le monde entier forme ainsi un
» tout harmonieux dont les parties sont si bien liées en-
» tr'elles, qu'on n'en peut pas déplacer une seule sans
» introduire le désordre et la confusion. » La gloire de
Dieu devait en être augmentée et la religion en tirer un
profit indirect. « Si mon opinion ne me trompe pas, »
écrivait-il dans son épître dédicatoire au pape Paul III,
« mes travaux ne seront pas sans quelque utilité pour
» l'Église, dont Sa Sainteté tient dans ce moment le gou-
» vernement. » Un demi-siècle après, la congrégation de
l'Index condamnait Galilée et Copernic !

Son disciple Rheticus disait de Copernic : « Le scep-
» tre de l'astronomie, Dieu le lui a confié à jamais. Le

» Seigneur l'a jugé digne de restaurer cette science, de
» l'expliquer et de la développer. » A la vue des travaux immenses de son maître, il ajoutait : « Il faut
» qu'il soit muni d'une singulière grâce de la Provi-
» dence, pour avoir pu restaurer l'astronomie tout en-
» tière et lui rendre toute sa dignité. »

Copernic avait affirmé et jusqu'à un certain point démontré le système réel du monde. Il laissait à ses successeurs une triple tâche : à Galilée, celle de compléter
par le télescope la connaissance des phénomènes ; à Keppler, celle de les ramener à certaines lois d'une rigueur
mathématique ; à Newton, celle de découvrir les forces
physiques qui les produisent tous. D'ailleurs, Copernic
avait payé son tribut à la faiblesse humaine en restant
fidèle à l'idée que se faisaient les anciens, de la perfection du mouvement circulaire ; il le maintint dans son
système, et se vit ainsi contraint, pour expliquer les ir-
régularités qu'offrait la nature, à conserver les cycles et
épicycles de Ptolémée. Il laissait aussi subsister à la
dernière borne de l'univers, le ciel des étoiles fixes,
qu'il plaçait à une égale distance du soleil, et le soleil
était ainsi à la fois le centre des planètes et au centre
du monde entier.

Le système héliocentrique n'opéra point une subite
et complète révolution dans les convictions des savants
et du public lettré. L'ami de Luther, Melanchthon,
n'accueillit point avec faveur la nouvelle hypothèse,
dont il n'avait pas compris le vrai sens. Il n'était
même pas convaincu de l'entière vanité de l'astrologie ;
au moins croyait-il à une influence immédiate exercée
sur les saisons par les étoiles fixes et leurs mouvements

réguliers, et par la marche anormale des planètes. Dans
le monde de la science, Tycho-Brahé laissait la terre au
centre du monde, et se bornait avec Héraclide, à donner au soleil pour planètes Mercure et Vénus. D'ailleurs,
il enrichissait l'astronomie d'une foule d'observations
de détail, et par ses études sur les orbites des comètes,
il démontra l'impossibilité des sphères solides, dont il
détruisit radicalement l'échafaudage.

Mais Copernic avait trouvé chez les protestants d'Allemagne de zélés disciples, Rhéticus, Reinhold, et
Mœstlin, le maître de Keppler.

Plus âgé de sept ans que Keppler, Galilée fondait la
mécanique moderne, découvrait la loi de la chute des
corps, et, avec le secours du télescope, démontrait par
les phases de Vénus la vérité du système de Copernic,
dont il retrouvait l'image en miniature dans la famille
de Jupiter et de ses quatre satellites.

Les persécutions dont Galilée fut l'objet de la part de
l'Eglise romaine, étaient d'autant plus injustes, que ses
lettres, non moins que ses écrits scientifiques, témoi-
gnent de sa sincère piété : de sa foi en un Dieu dont la
sagesse se voit comme à l'œil dans toutes ses œuvres, et
qui par les moyens les plus simples produit des résultats
qui confondent notre raison; de sa conviction que la
Providence divine veille sur chacun de nous et non point
uniquement sur la race humaine; du vif sentiment
de notre impuissance à sonder les mystères des perfections divines, et de son profond respect pour les moin-
dres œuvres du Créateur.

Keppler (1), un des plus grands génies de la terre

(1) Breitschwert, *Vie de Jean Keppler*, 1831 (en all.)

entière, sans sa foi vivante en la sagesse infinie du
Créateur, n'aurait jamais découvert les trois lois des
mouvements planétaires qui ont à jamais illustré son
nom. Les années s'écoulaient dans d'interminables
calculs, qui n'aboutissaient toujours à aucun résultat,
et sa patience se serait certainement lassée, s'il n'avait
pas eu l'inébranlable conviction que les œuvres de Dieu
devaient être tout harmonie. Il a cru, et il lui a été
fait selon sa foi. Il lui a été donné de refaire les calculs
du Créateur, « de repenser après lui ses pensées. »

A mesure que la courbe elliptique des orbites planétaires se révélait à Keppler, les derniers épicycles, con-
servés encore par Copernic, s'évanouissaient comme de
vaines ombres. « Je n'admets pour vrai, » disait-il, «que
» ce qui est vrai physiquement; ce procédé fait mon
» plaisir, et il est ma gloire, qui me survivra. » — « Je
» puis me vanter d'avoir élevé une astronomie sans hy-
» pothèses... et d'avoir remplacé la métaphysique d'Aris-
» tote par la physique des cieux. » Cette gloire a été
décernée contre toute raison à Bacon, qui a si peu
inauguré le règne de la méthode d'observation qu'il
s'en écartait lui-même à chaque pas.

Pour se faire une faible et très-incomplète idée de la
piété de Keppler, qu'on lise ces quelques lignes extraites
du premier de ses écrits :

« Heureux, disait-il, heureux ceux à qui il a été
» donné de s'élever vers les cieux ! Ils apprennent à
» estimer peu ce qui leur paraissait excellent, à mettre
» par dessus toutes choses les œuvres de Dieu et à
» trouver dans leur contemplation un vrai délassement
» et une joie réelle. Père du monde, quelle raison as-tu

» d'exalter à ce point une créature terrestre, pauvre,
» faible et chétive, qu'elle devient un roi qui règne au
» loin, et presque un Dieu, car elle pense après toi tes
» pensées. » Et voici les sentiments qui débordaient de
son cœur après ses immortelles découvertes :

« Je te rends grâce, Seigneur, de ce que tu m'as
» permis de me réjouir et de m'extasier dans la contem-
» plation des œuvres de tes mains. J'ai terminé mon
» ouvrage et me suis servi de toute la puissance des
» facultés que tu m'as données. J'ai proclamé ta gloire
» à tous ceux qui liront ces démonstrations, autant que
» me l'ont permis mes faibles moyens. Mon esprit était
» trop vif pour produire une œuvre parfaitement cor-
» recte. Si j'ai avancé quelque chose qui n'est pas digne
» de ta sagesse, pardonne à un vermisseau né et élevé
» au milieu des pécheurs. Permets-moi de corriger mes
» erreurs, et sois indulgent si, frappé d'admiration pour
» tes œuvres, je suis devenu fier de mes travaux, et si,
» en m'adressant aux hommes, je n'ai point oublié ma
» gloire personnelle... » Il termine son principal ouvrage par cet hymne : «Il est grand, notre Seigneur !
» Ciel, soleil, lune et planètes, proclamez sa gloire, n'im-
» porte quelle est la langue par laquelle vous pouvez
» exprimer vos impressions ! proclamez sa gloire, har-
» monies célestes, et vous aussi, témoins et juges de ses
» vérités dévoilées; toi, surtout, Mœstlin, vieillard res-
» pectable, parce que tu encourageais mes pénibles
» travaux. Et toi, mon âme, chante la gloire de l'Éternel
» pendant toute la durée de mon existence. Car tout ce
» qui est, vient de lui, tout existe par lui, tout est en
» lui, aussi bien ce que nous connaissons que ce que

» nous ne connaissons pas. A lui seul, honneur et
» gloire aux siècles des siècles. Amen. »

A Keppler succéda Newton, qui ne prononçait jamais
le nom de Dieu sans se découvrir la tête, et qui, au
grand scandale des incrédules, appliquait son génie à
sonder les mystères de la prophétie biblique. Sa foi se
montre à nous dans les dernières lignes de son grand
ouvrage sur les *Principes mathématiques de la philosophie de la nature :* « Le maître des cieux régit toutes
» choses, non comme étant l'âme du monde, mais comme
» étant le souverain de l'univers... Il régit toutes choses,
» celles qui sont et celles qui peuvent être. Il est le
» Dieu un et le même Dieu partout et toujours. Nous
» l'admirons à cause de ses perfections, nous le vé-
» nérons et l'adorons à cause de sa souveraineté. Un
» Dieu sans souveraineté, sans providence et sans but
» dans ses œuvres, ne serait que le destin ou la nature.
» Or, d'une nécessité métaphysique aveugle, qui est
» partout et toujours la même, nulle variation ne saurait
» naître; toute cette diversité des choses créées... n'a
» pu être produite que par la pensée et la volonté d'un
» être qui soit l'être par lui-même et nécessairement. »

C'est Newton qui a trouvé la vraie nature de la pesanteur; lui qui a expliqué par les mêmes lois tous les
mouvements des planètes, des satellites, et même les
courbes paraboliques des comètes; lui qui a placé dans
ses forces le principe de la conservation du système.
L'énigme qu'il a résolue, était la plus difficile de toutes
celles qui s'étaient présentées vingt siècles auparavant à
l'esprit des philosophes grecs : ils avaient entrevu déjà
l'existence de la *pesanteur* ou de la *chute* (βάρος, ῥοπή)

et du *tournoiement* (περιδίνησις) ou de la force tangentielle ; mais ni Platon ni Aristote n'avaient su reconnaître dans la pesanteur une propriété universelle et identique de la matière, et, quoique Copernic eût presque touché le but, Keppler s'en était de beaucoup écarté en admettant que la pesanteur qui régit la nature terrestre, est autre que celle qui meut les astres. La découverte de l'attraction newtonienne qui relie par les mêmes chaînes les planètes et les comètes au soleil, les satellites aux planètes, et tous les astres les uns aux autres, termine la première et grande période de l'astronomie solaire de Copernic, en même temps qu'elle jette à l'avance les bases de l'astronomie sidérale d'Herschel. Mais les principes si simples et si lumineux de Newton trouvèrent le siècle peu disposé à les comprendre et à les adopter ; tant il était infatué de la théorie cartésienne des tourbillons.

Fondé et édifié par des hommes d'une éminente piété chrétienne ou du moins d'une foi sincère au Dieu-Créateur, le système héliocentrique était en soi-même un puissant et précieux auxiliaire de la religion et de l'Église. Il glorifiait Dieu par la simplicité de la structure du monde, dont les forces peu nombreuses produisaient les effets les plus variés, et dont les lois étaient d'une précision mathématique. En même temps, les vraies dimensions des astres et des espaces éthérés se révélaient peu à peu aux astronomes : le soleil, qu'un philosophe ionien croyait de la grandeur du Péloponèse, et dont le diamètre n'était pour Ptolémée et pour Copernic lui-même, que cinq à six fois celui de la terre,

acquit peu à peu, par les calculs des astronomes, des dimensions si prodigieuses, que le volume de toutes les
planètes réunies n'est pas la millionnième partie du sien,
et les étoiles fixes se trouvèrent être à une distance telle
de la terre, qu'il était impossible de la calculer. Le
monde répondait ainsi de plus en plus à la toute-puissance de Dieu, non moins qu'à sa sagesse infinie, et le
spectacle tout nouveau qu'il offrait aux yeux et à
l'esprit d'un Keppler, inspirait à ce Pythagore des temps
modernes des sentiments que nous ne retrouverions certainement pas chez les docteurs du moyen âge. « Si
» quelque chose, disait-il, peut soulager l'homme dans
» son exil sur la terre où tout l'accable, c'est l'astro-
» nomie qui a pour objet (non la satisfaction d'une
» vaine curiosité, mais) la glorification du Créateur. »
Et ailleurs : « Dans la création je saisis pour ainsi dire
» Dieu avec les mains. »

L'astronomie copernicienne avait, de plus, rendu un
immense service aux nations chrétiennes en sapant par
la base l'astrologie, que l'Église n'avait pu extirper du
milieu d'elles, et qui de l'Espagne musulmane et de la
cour de Frédéric II à Palerme, s'était propagée dans tout
l'Occident avec une force irrésistible. Elle avait pénétré
jusque dans les palais des rois, jusque dans ceux des
évêques. Dans la seule ville de Paris, sous Charles IX, elle
comptait trente mille initiés. Les esprits se prosternaient
en tremblant devant elle. L'astronomie nouvelle vint
les affranchir de leurs folles terreurs, en dissipant tout
le mystère qui planait sur la marche errante des planètes, et en reculant les étoiles fixes à une telle distance
de notre globe terrestre, qu'il y avait démence à croire

qu'elles pussent exercer de là la moindre influence sur l'homme. Et pourtant, ce venin de l'Égypte et de la Chaldée païennes avait infecté l'Occident chrétien à ce point que, de nos jours encore, à l'abri de l'ignorance, il sévit en secret chez les habitants de nos campagnes.

Si, au nom seul de l'humanité, on aurait déjà dû accueillir avec empressement cette vérité nouvelle qui nous délivrait du joug des astres et nous apprenait à mieux connaître le Créateur, il eût fallu la recevoir avec un redoublement de joie au nom de l'Église du Christ, qui ne subsiste que par la foi et ne redoute rien autant que les illusions de l'apparence.

La révélation, en effet, dans la sphère des choses morales, nous tient en garde contre les erreurs des sens, et nous annonce un évangile qu'elle-même déclare être folie et scandale au monde, en même temps qu'elle nous fait descendre dans les dernières profondeurs de notre être, pour nous y montrer ces instincts originels de liberté, de sainteté, de foi et d'amour, auxquels les mystères de la foi correspondent comme le pain à la faim et l'eau à la soif. Le déisme, au contraire, dans sa secrète aversion pour toute fatigue de l'intelligence, prend à la surface de l'âme les idées les plus banales, et les déclare sans autre examen les seules vraies. Or, les sciences physiques inclinent du côté du déisme, parce que elles aussi ne rencontrent au premier abord, dans le domaine soumis à leurs investigations, rien qui ne soit d'accord avec les notions de première venue qui courent le monde. Ce n'est pas que la nature n'ait, comme la révélation, ses faits étranges ; mais elle les cache dans ses replis, et l'homme ne les y découvre que fort tard, après de

longues études. L'astronomie fut la première de ces
sciences que l'observation et le calcul amenèrent en face
d'une vérité qui bouleversait toutes les idées reçues :
cette science fut contrainte d'avouer que les sens l'avaient
trompée pendant des milliers d'années, que pour arriver
au vrai, il faut écarter le vraisemblable et se jeter avec
foi dans *l'absurde*, et que la vue, le sens commun, le
consentement universel, les raisonnements des siècles
passés, les autorités les plus respectables ne garantissent
pas toujours de la plus complète et plus grave erreur.
Dès lors, l'astronomie dans son domaine inférieur, la révélation dans son domaine supérieur, nous ont dit d'une
commune voix : « Ne vous arrêtez pas aux apparences;
franchissez-les; la vérité est au delà, invisible; il faut
croire en elle pour la trouver. Vous la reconnaîtrez à sa
ressemblance avec la folie; mais ne vous détournez pas
d'elle, car elle est sagesse, lumière et vie. »

Copernic et ses successeurs apportaient donc à l'é-
tude des cieux des dispositions analogues à celles qui
animent le croyant dans sa vie spirituelle. Mais les résultats de leurs travaux relativement à la position de la
terre, étaient, d'une manière plus frappante encore,
pleinement conformes à l'esprit de l'Évangile. Au point
de vue divin, la vraie grandeur consiste, non dans la
puissance matérielle ou dans les colossales dimensions
des corps, mais dans la force invisible de l'esprit. Quand
l'Éternel voulut se manifester au prophète Élie sur l'Ho-
reb, il était dans le son doux et subtil, et non dans le
vent impétueux, ni dans l'orage et ses tonnerres, ni
dans le tremblement de terre. Jésus-Christ, traîné devant Pilate et battu de verges, était roi, et roi plus

puissant que Tibère sur le trône du monde civilisé.
L'Église qui fait crouler devant ses pas toutes les fausses religions, a été fondée par quelques pêcheurs de la Galilée, et Dieu s'était révélé, non aux puissants Assyriens, ni aux sages Égyptiens, mais à une peuplade sans gloire qu'il confina dans un petit coin de terre, comme aussi le Christ est né dans la bourgade de Bethléem et non dans la ville centrale de la Judée, à Jérusalem. D'après l'analogie de la foi, la terre ne devait point se distinguer des autres astres par un volume immense, ni tenir le sceptre du système du monde. Copernic était donc éminemment biblique, quand il faisait d'elle une faible et petite planète qui dépendait du puissant et vaste soleil, et Keppler l'avait bien compris, lui qui disait que, partout où la masse prédomine, la perfection fait défaut, et que les petites planètes sont plus nobles que les paresseuses étoiles fixes (1). L'homme, en perdant sa position au centre matériel de l'univers, ne perdait qu'une profane et mensongère dignité, et l'Église y gagnait d'être délivrée de ce système erroné de Ptolémée qu'elle avait adopté de confiance, et dont l'esprit n'était point celui de l'Évangile.

Cependant, si d'après l'Évangile, la valeur de l'esprit ne se juge point à la mesure de la matière, la foi et la raison réclament une certaine harmonie entre le monde de la liberté et celui de la nature. La Judée est bien l'une des plus petites régions de la terre, mais elle est au moins située dans la région centrale de l'ancien monde, et non en Laponie ou à Van-Diemen, et l'É-

(1) D'après Pfaff, *l'Homme*, etc., p. 149.

glise était en droit de demander à l'astronomie nouvelle qu'elle fît à notre petite planète une place analogue dans l'univers. Or, cette science répondait entièrement à ce juste désir. Tout en enlevant à la terre sa royauté et en réduisant le soleil lui-même à n'être le seigneur que des planètes et des comètes, elle situait au moins cet astre avec son nombreux cortége vers le centre du monde. En effet, l'immense anneau de la voie lactée qui traverse le ciel entier et qui entoure manifestement les étoiles fixes, a partout à peu près la même largeur apparente ; ce qui ne serait pas le cas si nous n'étions pas à son centre. Aussi Keppler écrivait-il que le désert qui sépare notre système solaire des étoiles, était un golfe intérieur, et le golfe le plus remarquable de l'univers. Il ajoutait, que les étoiles fixes tournaient sur elles-mêmes pour voir le soleil par toutes leurs faces, et qu'elles se réjouissaient à sa vue. Notre système passait ainsi pour le plus grand et le plus magnifique des cieux, et le système héliocentrique rendait d'une main à la terre, ce qu'elle lui enlevait de l'autre.

L'astronomie nouvelle concourait même avec l'Évangile à élever l'homme à un degré de gloire inouï jusques alors. Ne venait-il pas, par la force de son génie, par sa foi dans la sagesse du Créateur, par son courageux mépris des apparences, de découvrir le vrai plan de l'univers ? et à mesure que l'univers s'élargissait devant ses regards armés du télescope, ne sentait-il pas s'élargir plus encore son esprit qui l'embrassait et le comprenait ? Aussi s'étonna-t-il de ses propres découvertes, et il en rendit grâces au Dieu de l'univers, par la voix de Keppler, qui admirait qu'une créature auss

chétive que l'homme pût repenser les pensées de l'É-
ternel (1).

Mais, tout en élevant l'homme à une telle hauteur,
l'astronomie nouvelle s'entendait à merveille à le rete-
nir dans l'humilité, en lui rappelant à chaque instant
que tout ce qu'il sait des cieux et des pensées de Dieu,
n'est que néant au prix de ce qu'il en ignore, et que, s'il
se sent infiniment grand en présence de la création
qu'il soumet à ses calculs, il doit se prosterner dans la
poussière, muet d'admiration, devant le Dieu qui a créé
plus d'astres qu'il ne peut en compter.

Rome ne découvrit point la secrète affinité de l'astronomie nouvelle avec l'Évangile. Elle venait de rejeter
la réforme de Luther, et elle fut conséquente avec elle-
même en repoussant celle de Copernic; mais la nature
ne se plia pas à ses volontés comme faisaient les peuples de la terre. Pendant le moyen-âge, nous l'avons vu,
Rome avait oublié que l'Évangile subsiste par sa seule

(1) « Je ne suis pas de ceux, a dit Bossuet, qui font grand état des
connaissances humaines, et je confesse néanmoins que je ne puis
contempler sans admiration ces merveilleuses découvertes qu'a
faites la science pour pénétrer la nature, ni tant de belles inven-
tions que l'art a trouvées pour l'accommoder à notre usage. L'homme
a presque changé la face du monde... il est monté jusqu'aux cieux :
pour marcher plus sûrement, il a appris aux astres à le guider dans
ses voyages; pour mesurer plus également sa vie, il a obligé le soleil à rendre compte pour ainsi dire de tous ses pas... Or, comment une créature si faible aurait-elle pu prendre un tel ascendant,
si elle n'avait en son esprit une force supérieure à toute la nature
visible, un souffle immortel de l'esprit de Dieu, un rayon de sa face,
un trait de sa ressemblance ? »

force, et n'a nullement besoin des sciences profanes. Telle que ces timides rois de Juda qui croyaient bien faire en s'appuyant à demi sur l'Égypte, à demi sur Jéhova, elle avait fait alliance avec Ptolémée, et de concert avec lui, elle avait taillé la terre, centre du monde, en un gigantesque piédestal sur lequel elle avait placé l'homme. L'erreur était grande, mais excusable : il y avait aux yeux de la chair une parfaite correspondance entre l'hypothèse qui fait de la terre la reine du monde, physique, et la Révélation pour qui l'homme est le centre du monde moral. La vérité divine semblait confirmer en plein la science humaine, qui à son tour la rendait fort plausible. Mais ce qui était inexcusable, c'était de persévérer avec opiniâtreté dans l'erreur, une fois qu'elle avait été signalée.

Près de quatre-vingts ans se passèrent avant que Rome commençât l'attaque, et elle le fit, ainsi que le remarquait Keppler, au moment où l'invention du télescope apportait à l'appui de la vérité de tout nouveaux documents. Dans le célèbre décret du 5 mars 1616, le système de Copernic fut formellement désigné comme étant « la fausse doctrine pythagoricienne qui est complètement opposée à la divine Écriture. » Plus tard, en 1633, Galilée fut contraint d'abjurer à genoux les interprétations qu'il avait données de la Bible, dans le but de la concilier avec la nature, et il fut privé de sa liberté pour un temps indéfini.

Ces deux sentences, par lesquelles Rome s'est fait à elle-même un mal irréparable, mettent dans tout son jour l'infaillibilité des prophètes, des apôtres et des autres écrivains inspirés, qui gardaient le silence sur ce

qu'ils ignoraient, et qui n'appuyaient les vérités révélées, ni sur les sciences humaines, ni par des voies de
contrainte. Seuls, ils sont exempts d'erreurs, parce que
seuls ils ont reçu la mission de faire connaître au monde
tout ce que Dieu a fait pour son salut. Les autres
croyants ont la simple charge de mettre en pratique
ces enseignements divins. Ils le font avec le secours de
l'Esprit-Saint, mais dans une grande infirmité. Ils pé-
chent et se trompent, et le Christ est avec son Église,
non pour la maintenir violemment dans une sainteté
parfaite, mais pour la relever de ses chutes, pour la ré-
veiller de ses longs sommeils, pour la réformer quand
elle se corrompt, pour la sauver quand elle se perd.

Les arguments allégués contre le système de Copernic étaient : le langage géocentrique de la Bible, les
passages où elle dit la terre inébranlable, et le miracle
de Josué.

A la première objection, Keppler répondait avec sa
supériorité habituelle : « L'Écriture ne parle qu'en pas-
» sant des choses naturelles, et elle le fait conformé-
» ment aux apparences, qui sont aussi la mesure d'après
» laquelle s'est formé le langage humain. Nous-mêmes,
» astronomes, nous disons avec le peuple que les pla-
» nètes avancent et reculent, que le soleil se lève et se
» couche. Combien moins devons-nous exiger de l'É-
» criture divinement inspirée, qu'elle laisse de côté la
» manière ordinaire de parler, pour arranger ses
» mots selon les résultats de la science, et que, par
» l'emploi d'expressions obscures et étranges dans des
» choses qui surpassent l'intelligence de ceux qu'elle veut
» instruire, elle jette la confusion dans la simplicité d'es-

» prit du peuple de Dieu, et se ferme ainsi elle-même le
» chemin vers le but bien autrement sublime qu'elle se
» propose. »

La seconde objection est tout aussi aisée à renverser.
La terre est inébranlable comme le vaisseau qui se
meut avec rapidité sur la surface de la mer, et qui ré-
siste sans peine à tous les assauts des flots et des vents.
Ce qu'il y a dans elle de fixe et d'immuable, ce sont ses
substances et ses lois, et cet astre à qui, par un respect
aveugle pour quelques textes bibliques, on interdisait
de se mouvoir dans l'espace, doit pourtant, d'après
d'autres passages dont le sens est incontestable, subir
l'effroyable commotion d'un incendie qui lui donnera
une forme toute nouvelle.

Le miracle de Josué, enfin, que confirment les témoignages les plus concordants de la Grèce, de l'Amérique,
d'Otahiti, de la Chine et de l'Inde, a consisté dans la
suspension, non point du mouvement de translation de
la terre, mais uniquement de son mouvement de rotation (1). La rotation suspendue (et elle peut l'être assez
lentement pour ne point opérer à la surface de la terre
d'immenses bouleversements), la lune doit à nos yeux
s'arrêter dans les cieux aussi bien que le soleil. Or, si
Josué eût ordonné au soleil seul de suspendre sa marche, la lune aurait poursuivi la sienne, et la révolution
diurne des cieux n'eût pu être une illusion optique pro-
venant de la rotation de la terre. Mais Josué dans l'ex-
tase de l'inspiration s'écrie : « Soleil, arrête-toi à Ga-
baon, et toi, lune, dans la vallée d'Ajalon ; » et à cet

(1) *Histoire de la Terre*, p. 158 et suiv.

ordre, les deux seuls astres alors visibles restent immobiles, ainsi que le voulait l'hypothèse de la rotation de la terre. Le chef des armées d'Israël ne comprenait point sans doute la véritable portée astronomique de ses paroles; mais l'Esprit de Dieu qui les lui mettait au cœur, le savait pour lui, et l'objection se convertit en une présomption très-forte en faveur du système de Copernic.

Au reste Galilée, dans ses discussions avec Rome, traçait avec beaucoup de sagesse la limite entre les sciences profanes et l'Écriture Sainte :

« Je serais d'avis, disait-il, que l'autorité des saintes
» Écritures aurait eu principalement pour but de per-
» suader aux hommes ces articles et propositions qui,
» dépassant tout discours humain, ne pouvaient être
» rendus croyables par une autre science, ni par un
» autre moyen que par la bouche du Saint-Esprit lui-
» même... Mais il ne me paraît pas nécessaire de croire
» que Dieu, qui nous a doués des sens, de la parole et
» de l'intelligence, ait voulu, de préférence à l'usage
» de ces dons, nous procurer par un autre moyen les
» notions qu'ils pouvaient nous fournir de telle sorte
» que ces conclusions naturelles que l'expérience des
» sens et les démonstrations nécessaires offrent à nos
» yeux et à notre expérience, dussent être niées par
» les sens et par la raison... Il me semble qu'on ne de-
» vrait pas partir, dans la discussion des problèmes na-
» turels, de l'autorité des Écritures, mais des expé-
» riences sensées et des démonstrations nécessaires ;
» et l'Écriture sainte et la nature procédant également
» du Verbe divin, la première dictée par l'Esprit saint,
» la seconde, comme exécutrice docile des ordres de

6.

» Dieu..., il semble que ce qui est offert à nos yeux par
» les effets naturels ou par l'expérience raisonnée,
» comme aussi les démonstrations nécessaires qui en
» résultent, ne doit, en aucune manière être révoqué
» en doute, encore moins condamné, sous prétexte que
» des passages de l'Écriture paraissent contenir des
» expressions en sens opposé, puisque chaque parole de
» l'Écriture ne se rattache pas à des obligations aussi
» sévères que chaque effet de la nature. »

Derrière les objections que Rome empruntait à la
Bible, se cachait la pensée que la terre n'avait pu devenir la patrie du Verbe incarné, qu'à la condition d'être
le centre immobile de l'univers. « Ainsi, du haut des
» cieux, » a dit de nos jours un écrivain catholique (1).
« les anges contempleraient au milieu des ouvrages de
» la création, celui qui en est le chef-d'œuvre et le roi,
» non dans l'attitude majestueuse et grave d'un prince
» au milieu de ses sujets, mais tournoyant, culbutant
» et pirouettant à l'infini en présence du soleil et des
» étoiles immobiles ! Je ne sais, mais cette image singu-
» lière a quelque chose qui refroidit involontairement
» pour le système reçu. » Cette image est inexacte, car
il n'y a point d'étoiles fixes, et le soleil, en décrivant
dans l'espace une orbite inconnue, tourne aussi bien sur
lui-même que ses planètes. L'immobilité ne convient
qu'à Dieu : il est au contraire rationnel que la créature,
dont l'âme se développe sans cesse, que l'homme en
particulier dont la vie n'est qu'un pèlerinage, habite

---

(1) *Moïse et les Géologues modernes*, par Victor de Bonald. Avi-
gnon, 1836, p. 170.

une patrie qui soit constamment en mouvement. Il y a
d'ailleurs, au fond de l'antipathie de Rome pour le système de Copernic, cette erreur fondamentale qui consiste à faire de la grandeur matérielle le critère de la
grandeur morale. C'est donner gain de cause au déisme
dont toute la force réside précisément dans ce préjugé
anti-biblique.

D. — DESCARTES ET LE DÉISME.

Le déisme ne pouvait pas tirer grand parti contre la
révélation de la nouvelle astronomie, tant qu'elle laissait le soleil au foyer de la sphère des étoiles fixes, et
la terre avec son satellite à une petite distance du centre
du monde. La position de l'homme était trop belle encore pour être attaquée par les incrédules. Ils étaient
d'ailleurs contenus par la puissance avec laquelle Rome
ou la Bible agissait sur les esprits, et les sciences physiques excitaient dans le public trop peu d'intérêt pour
qu'il y eût grand profit à leur emprunter des armes
contre la révélation.

Cependant l'astronomie, avant Newton, était entrée
par Descartes et ses tourbillons, dans une phase nouvelle où elle s'écartait, à la fois, de la nature et de la
révélation. Keppler, l'homme des longs calculs et des
imaginations hardies, avait le premier émis l'idée que
les étoiles fixes étaient autant de soleils autour desquels
circulaient des planètes. C'était une hypothèse, toute
gratuite, qui avait le grand avantage de faire disparaître
l'étroit firmament de Ptolémée et de Copernic, et de

donner à l'univers des proportions en harmonie avec la toute-puissance du Créateur, mais qui contredisait manifestement son ingénieuse sagesse par cette répétition sans fin de systèmes solaires, tous taillés sur le même patron. Descartes s'empara de cette supposition, à laquelle il ajouta celle de tourbillons de matière subtile, qui ont reçu de Dieu leur mouvement de rotation, et qui font se mouvoir les planètes autour de leurs soleils (1). Sa théorie, fondée à demi sur la déduction, à demi sur les faits fournis par l'observation, semblait concilier les sciences physiques, la philosophie et la religion, tout en parlant à l'imagination. Aussi fut-elle « adoptée par les meilleurs et les plus savants astronomes » (2), accueillie avec enthousiasme par le public lettré, et popularisée en France par les *Entretiens* de Fontenelle sur la *pluralité des mondes*, qui parurent en 1686.

Le spirituel auteur de ces *entretiens* supposait tous les astres habités, comme la terre, par des êtres doués de raison. Il prévoit que des gens scrupuleux s'imagineront qu'il y a du danger, par rapport à la religion, à mettre ailleurs que sur la terre des habitants qui ne peuvent provenir d'Adam. Mais sa réponse est fort simple : ces hommes de la lune, des planètes et des étoiles

____

(1) Descartes se disait encore partisan de Ptolémée : suivant lui tous les tourbillons ou toutes les étoiles fixes circulaient autour de la terre. Mais ce n'était là qu'une prudente et peu honorable concession faite à l'Eglise de Rome. Car, dans son précédent *Traité du monde*, il était copernicien, et il l'avait supprimé à la première nouvelle de la condamnation de Galilée.

(2) Derham, p. 80.

ne sont pas du tout des hommes. Ils n'ont ainsi rien de
commun avec nous, et notre religion n'est nullement
intéressée à leur existence. On sent en lisant cette page
de Fontenelle, que la révélation et l'astronomie se re-
doutent mutuellement, mais que le temps n'est pas
venu pour elles de vider leur différend. Au reste, le
tourbillon du soleil est toujours au centre du monde,
et si la terre est tellement pètite que nous pourrions être
tentés de ne plus prendre intérêt à elle, au moins est-
elle toujours censée occuper la place d'honneur.

Cette supposition n'est plus exprimée qu'avec hési-
tation par Derham, en 1711. L'idée même d'un univers
infini lui sourit, il y verrait une nouvelle preuve de la
toute puissance du Créateur. Il ne se doute pas que
l'infini dans l'espace suppose l'infini dans le temps, et
que l'un et l'autre sont incompatibles avec la foi en un
Dieu qui a créé toutes choses dans le temps, et qui l'a
fait d'après un plan qui réclame dans l'espace un centre
et une circonférence ou des bornes. Derham, d'ailleurs,
n'attaque que l'athéisme et ne sort pas du domaine de
la religion naturelle. Il célèbre avec éloquence les
triomphes du télescope, qui a fait connaître à l'homme
les immenses proportions de l'univers, la magnificence
des cieux et leur admirable structure. « Des milliers de
» mondes ou de tourbillons font éclater davantage
» qu'un seul la gloire du Créateur. Sa sagesse se ma-
» nifeste dans l'ordre qui règne parmi les étoiles, qui
» ne s'entreheurtent et ne s'embarrassent point, et qui
» ne nous semblent rangées au hasard dans l'espace,
» que parce que nous ne sommes pas placés au point

» de vue convenable pour juger de leur véritable arran-
» gement. Il faudrait être stupide pour attribuer à un
» pur néant et la distribution des soleils dans les cieux,
» et celle des planètes autour de chaque soleil. La con-
» templation de tant de merveilles nous apprend aussi
» à mépriser ce petit globe que nous habitons, et fait
» prendre l'essor à nos pensées et à nos désirs, pour
» nous transporter au milieu de la gloire céleste. »

Mais Derham était le contemporain des *esprits forts*, tels que Schaftesbury, Collins et Tyndal, et la piété de sa génération était les dernières lueurs d'un soleil qui disparaît sous l'horizon. On était en plein xviii° siècle : les esprits se portaient de plus en plus de la philosophie et de la religion vers les sciences physiques, et le vent soufflait de toutes parts au déisme, à l'incrédulité anti-chrétienne, à la négation de la divinité et de l'âme humaine.

L'astronomie avait dépassé les temps des grandes dé-couvertes et de ces ravissantes surprises qui remplissent les génies d'admiration et les font lever les yeux vers Celui dont le nom est l'Admirable. On se bornait à ombrer le tableau dessiné par les grands maîtres, à dé-duire des forces et des lois qu'ils avaient trouvées, toutes les conséquences possibles, et à confirmer les ré-sultats des calculs par de nouvelles observations. C'était le siècle de Clairaut, de d'Alembert, d'Euler, de La-place, de Lagrange. Si Euler prenait encore la plume avec le grand Haller pour la défense de la foi chrétienne, Laplace n'était plus qu'une incarnation de cet esprit mathématique, pour lequel il n'y a ni poésie, ni re-ligion, ni vie pratique. Laplace est sans contredit « le plus grand des astronomes géomètres qui ont suivi Newton. » « L'analyse mathématique était entre ses mains un moyen de découvertes si puissant, qu'aucune question n'était inabordable pour lui (1). » Le calcul des probabilités, dont il donna le premier la théorie, lui fit trouver la cause de nombre de phénomènes jusques alors inexpliqués, et c'est à lui qu'appartient la gloire d'avoir rendu compte par l'attraction newtonienne, de toutes les perturbations du système solaire. Mais, hors de sa science, il n'était plus le même homme. Ministre de l'intérieur pendant six semaines, il se montra, d'après le jugement de Napoléon Ier lui-même « administrateur » plus que médiocre, ne saisissant aucune question sous » son vrai point de vue et n'ayant que des idées pro- » blématiques (2). » Aussi ne nous étonnerons-nous pas de son impuissance à juger des choses spirituelles et de son incrédulité. Et cependant, ce type des astronomes et géomètres incrédules, pour qui « Dieu était une hy- pothèse dont il n'avait pas eu besoin, » a passé à son insu sa vie entière à démontrer l'existence de la sagesse éternelle, en découvrant la stabilité de tous les éléments de notre système solaire et la périodicité de leurs va- riations séculaires, et en établissant qu'il y avait plus de quatre mille milliards à parier contre un que la dis- position de ce système, où l'on compte quarante-trois mouvements de rotation et de révolution dirigés dans le même sens, n'est pas due au hasard. Au reste, en dépit de son antipathie pour les causes finales, l'évi-

(1) Boillot. *L'Astronomie au dix-neuvième siècle.* 1864, p. 149 et suiv.

(2) *Mémoires écrits à Sainte-Hélène,* d'après Whewell.

dence lui a arraché ces paroles mémorables : « Il semble
» que la nature ait tout disposé dans le ciel pour as-
» surer la durée du système planétaire par des vues
» semblables à celles qu'elle nous paraît suivre si ad-
» mirablement sur la terre pour la conservation des in-
» dividus et la perpétuité des espèces (1). » La nature
qui a des vues si admirables et qui dispose tout sur la
terre et dans le ciel pour atteindre un but excellent, se
nomme Dieu dans toutes les langues du monde.

Tandis que la France descendait de Pascal, Bossuet et
Fénelon, par Voltaire et Rousseau, à Condillac, Hel-
vétius et d'Holbach, l'Allemagne tombait du piétisme de
Spener dans le rationalisme, et le plus connu des disciples de Leibnitz, Wolf, formulait un système déiste qui
correspondait à celui des péripatéticiens, et qui faisait
pareillement du monde une machine à la marche inva-
riable. Après lui vint le Zénon des temps modernes,
Kant, pour qui la religion n'était qu'un postulat de la
raison pratique ou du sens moral. On a souvent cité de
Kant cette belle parole : « Deux objets remplissent mon
» âme d'un respect et d'une admiration toujours plus
» grands : le ciel étoilé sur ma tête et le sentiment du
» devoir dans mon cœur. »

Dans les années qui suivirent la chute du premier
empire et la reconstitution de l'Europe, le déisme, re-
cueillant toutes ses forces, exploita à fond contre la foi
chrétienne l'astronomie et la géologie, auxquelles le
public entier prenait un intérêt toujours plus grand.
Ces attaques partirent surtout des rationalistes alle-

____

(1) *Système du Monde*, l. I, p. 447.

mands, mais ils ne faisaient que présenter sous une forme
savante des objections qui surgissaient de toutes parts
dans notre Europe occidentale, et qui étaient en quelque
sorte dans l'air.

« L'étude des cieux, disaient-ils, atteste que les lois
du monde physique sont d'une merveilleuse régularité,
et renverse la doctrine des miracles qui viendraient
troubler l'ordre universel. On admettrait la possibilité
des miracles qu'au moins faudrait-il les justifier par des
motifs suffisants; et il implique que les lois du monde
aient été suspendues en vue de l'habitant de la terre;
car la terre n'est qu'un atome que des yeux semblables
aux nôtres ne découvriraient plus déjà depuis Saturne.
De plus, elle ne diffère en rien d'essentiel des autres
planètes et même du soleil; on doit donc supposer ces
astres habités par des hommes plus ou moins semblables à nous. Mais chaque étoile fixe est un soleil qui
a ses planètes, ses lunes, ses comètes, et les terres,
peuplées d'êtres raisonnables, se multiplient ainsi à
l'infini jusques aux dernières limites de notre voie
lactée. Cependant notre voie lactée avec ses mille myriades de soleils n'est point seule dans l'espace; Herschel en a compté trois mille autres, et qui peut savoir
toutes celles qui se dérobent à nos regards dans les profondeurs de l'éther? Les cieux ont donc des horizons
plus vastes que la pensée; elle n'atteint pas aux bornes
de l'univers, si tant est que la création ne soit pas réellement illimitée. Or, quel orgueil à l'homme de pré-
tendre que le Dieu qui règne sur des milliers de voies
lactées, s'occupe avec un soin tout spécial de ce grain
de sable qui circule autour de notre soleil, et de ce

soleil qui ne se distingue lui-même de ses innombrables
frères ni par sa masse ni par son éclat! Quelle folie de
croire que le Verbe éternel de Dieu ait pris notre nature, qu'il soit mort pour nos péchés, et que le second
Adam soit le roi de cet univers infini! »

Les objections que le déisme emprunte à l'astronomie sont toutes contenues déjà dans la question que
David adressait à Dieu, il y a trente siècles, à la vue de
l'immensité des cieux étoilés : « Qu'est-ce que l'homme,
que tu te souviennes de lui, et que tu interviennes dans
son histoire par des miracles de délivrances ou de jugements? Qu'est-ce que le Fils de l'homme, que tu le
visites en personne et que tu veuilles prendre un jour
sa nature pour le sauver? » Cette question est incontestablement naturelle à nos cœurs, et il est bon que les
doutes qui l'inspirent, se formulent nettement. Mais la
foi et la science chrétiennes y répondent par la distinction à faire entre la matière et l'esprit, par la
grandeur morale de l'homme et par l'omniprésence de
Dieu.

« Si vous récusez la Bible, dirions-nous aux déistes,
consultez au moins les fastes de l'histoire profane. La
très-petite Égypte à elle seule ne fait-elle pas contre-
poids à toute l'Afrique? Athènes n'a-t-elle pas produit
plus de grands hommes que l'immense Asie? Rome
païenne n'a-t-elle pas soumis tout le monde connu des
anciens? L'Europe ne répand-elle pas sa civilisation sur
tous les autres continents, et la Judée n'est-elle pas le
berceau d'une religion qui s'étend sur la terre entière?
Dites-nous donc après cela combien de lieues carrées
doit avoir une ville pour produire un homme de génie,

et un astre pour que le Fils de Dieu puisse s'y incarner sans compromettre sa dignité ! Ne sommes-nous pas en droit d'affirmer, au contraire, que l'importance historique d'une contrée est en raison inverse de son étendue? et comment ne rappelerions-nous pas ici ce que saint Paul dit du Dieu qui se plaît à « choisir les instruments les plus faibles, les plus vils aux yeux du monde, ceux qui semblent n'être que néant pour produire les plus grandes choses? »

» Vous ne niez d'ailleurs point l'existence de l'âme et la dignité de l'homme. Pour vous comme pour nous, un enfant au berceau est plus grand que tous les mondes ; car il porte en soi l'image de Dieu, ou l'aspiration à l'infini, à l'absolu. Si vous étiez conséquents avec vous-mêmes, il devrait vous importer aussi peu qu'à nous, que cet enfant grandisse et vive sur le plus petit des astéroïdes ou sur l'immense soleil.

« Mais, ce qui fait à vos yeux la force de vos objections, c'est que vous ne croyez pas au vrai Dieu. Votre Dieu (on vous le dit et le répète à satiété), ressemble beaucoup à celui d'Aristote et diffère peu de celui d'Épicure. C'est un bon vieillard qui, après avoir créé le monde, est rentré dans son repos ; un monarque asiatique qui sommeille dans son palais tandis que tout son peuple travaille. Comme il n'agit jamais, il fait aussi peu de miracles sur notre terre que sur aucune autre étoile, et comme il ne parle jamais, il se révèle aussi peu à notre race qu'à toute autre société d'êtres libres. La cause de son silence et de sa non-intervention réside dans sa propre indolence, et nullement dans les dimensions par trop modestes de notre planète. Mais notre

Dieu, à nous, agit continuellement et s'adresse sans cesse à ses créatures intelligentes par son Verbe. Il les connaît toutes d'une connaissance parfaite, il les aime toutes d'un amour de Dieu. Présent partout, il voit aussi distinctement les habitants de la terre que ceux de Sirius, et il a pour les uns et pour les autres la même sollicitude. Si, dans la grande hiérarchie des êtres, les plus infimes lui sont fidèles, il les bénit; s'ils se révoltent, il les punit selon sa justice ou les châtie selon sa miséricorde; s'ils souffrent de leurs péchés et crient à lui avec repentance, il les entend et les exauce; s'ils meurent, il peut les rappeler à la vie par une seconde création; si, pour les ressusciter ou les sauver, il faut que son Fils leur devienne semblable et meure pour eux, il l'enverra au milieu d'eux. Car il fait tout ce qui lui plaît. »

Mais, pour réfuter le déisme, il suffit de lui laisser terminer sa carrière. Kant est en ligne directe l'aïeul de Hégel, et Hégel est panthéiste.

« Point de Dieu distinct du fini et point de création! L'intelligence impersonnelle qui s'est faite monde, est arrivée à la conscience d'elle-même dans l'homme, dont l'esprit est la raison absolue. » Mais voyez l'embarras où se trouvait la philosophie de l'absolu en présence des cieux! Si l'homme est le seul vrai Dieu, il ne peut y avoir dans le soleil, sur Vénus ou Jupiter, sur Sirius ou les Pléiades, dans les millions de voies lactées tout récemment découvertes par Herschel, d'autres êtres raisonnables qui lui feraient une concurrence redoutable, et contre lesquels il devrait exhiber ses titres à la divinité. Force fut donc à Hégel et

à ses disciples d'élever la terre au-dessus de tous les autres astres de notre système, « où l'on ne découvre pas la
moindre trace d'êtres intelligents, » et surtout de se
débarrasser des étoiles fixes. « Elles ne sont, a dit M. le
professeur Michelet de Berlin, que des écueils de lumière dispersés dans l'océan céleste, et elles représen-
tent ce qu'il y a d'abstrait, d'immobile, de mort, dans la
notion de l'éternité. » Le maître avait été plus explicite
encore : il traitait de ridicule folie tout ce qu'on débitait
sur la sublimité des cieux, et comparait les étoiles
à « une lèpre resplendissante : » il les trouvait toutes
aussi peu dignes d'admiration « qu'une éruption cuta-
née ou qu'une multitude de mouches (1).» Parole mons-
trueuse, aussi absurde qu'éhontée, qui condamne, à elle
seule, le système dont elle est la conséquence logique.

C'est ainsi que la philosophie moderne, qui a, dès
l'origine, fermé l'oreille à la voix intime du sens moral
et de la foi, pour n'écouter que celle du raisonnement,
est arrivée à cette extrémité de devoir jeter un démenti
à la face de la nature qui la convainquait de mensonge
en lui montrant les cieux. Elle n'a donc rien à repro-
cher à l'Église romaine, condamnant le système héliocentrique. L'une a nié les découvertes de trois siècles
d'études astronomiques, l'autre l'hypothèse mal affermie de Copernic. L'une et l'autre se sont laissé sé-
duire par la raison; mais l'une a rejeté la vérité au nom
de l'athéisme et par un criminel orgueil; l'autre ne l'a
fait que par un zèle sincère pour la religion et au nom

____

(1) Hegel, *Philos. de la nature*, l. I, p. 92 et 461 ; Michelet, *De la
personnalité de Dieu*, p. 227. (En all.)

de la Bible mal comprise. L'une et l'autre se disaient infaillibles, l'une en se faisant Dieu même, l'autre en se croyant la bouche de Dieu; mais l'une divinisait la raison humaine et déchue, tandis que l'autre se croyait simplement la fidèle dépositrice des enseignements divins du Christ et de l'autorité de ses Apôtres. Enfin Hégel lançait ses foudres contre l'astronomie, non point à la renaissance des sciences physiques, mais en plein dix-neuvième siècle, précisément à l'époque où Rome, confessant son erreur, retirait (en 1821) sa bulle de 1616 contre la doctrine pythagoricienne, et où l'enseignement du système de Ptolémée disparaissait, même en Espagne, des universités catholiques.

En France, le déisme de Voltaire avait immédiatement abouti au matérialisme philosophique de d'Holbach, qui a repris vie, de nos jours, en Allemagne, sous une forme nouvelle et à l'abri des sciences physiques. Les Vogt, les Moleschott, les Buchner, posent, comme un fait d'observation et comme la conséquence rigoureuse de l'éternité de la matière infinie, la pluralité infinie des mondes dans l'espace infini, et ils s'appuient sur les découvertes de l'astronomie sidérale dont sir W. Herschel a été le fondateur. Examinons si cette science donne réellement gain de cause à l'athéisme contre la religion en général et contre la foi chrétienne. Il serait, eu vérité, bien étrange, que le matérialisme d'Épicure, enfanté par le monde ancien au temps de sa décrépitude, fût resté jadis absolument stérile, et que nos modernes Épicures fussent, au contraire, les apôtres des vérités destinées à ouvrir à l'humanité son ère définitive de bonheur.

E. — HERSCHEL OU L'ASTRONOMIE SIDÉRALE.

Herschel est le Christophe Colomb du monde sidéral (1). Il ouvre la troisième période de l'astronomie moderne : c'est lui qui a brisé les sceaux du livre des étoiles, qu'on avait à peine entr'ouvert avant lui ; c'est lui qui en a lu les premières pages. Il y a trouvé toute autre chose que cette ennuyeuse répétition de systèmes solaires, qui faisait l'admiration des pieux Derhams et la joie des incrédules : c'étaient, au lieu de nos planètes opaques, des étoiles binaires, ternaires, multiples, gravitant autour d'un centre vide et s'éclairant mutuellement de rayons de couleurs différentes ; c'étaient, dans une sphère égale à celle dont l'orbite de Neptune marquerait la circonférence, au lieu de nos quelques planètes et satellites, des milliers et des myriades d'astres resplendissants de lumière ; c'étaient des amas d'étoiles de toutes figures et de toutes grandeurs, les uns réguliers et sphériques, les autres rectilignes ou informes, plusieurs offrant les contours les plus étranges ; des nébuleuses irrésolubles, laiteuses, dont la nature était une énigme ; des nébuleuses ou des amas rappelant par leur proximité les étoiles binaires et multiples, et faisant pressentir l'existence d'immenses systèmes d'astres se mouvant en cercles les uns autour des autres ; des nuages lumineux, les uns flottant dans l'éther et attirés par les étoiles, les autres immobiles et remplissant des espaces incommensurables ; c'était notre

(1) Né en 1738, mort en 1822.

monde, notre *galaxie*, s'étendant sous la forme d'un disque, d'une lentille, d'une couche aux bords déchirés, et entouré à d'immenses distances d'autres mondes ; c'était un univers où l'espace se mesure par la distance inconnue qui nous sépare des étoiles primaires.

Herschel ne s'est point contenté d'ajouter avec l'aide de son gigantesque télescope de quarante pieds, une foule immense de faits nouveaux aux connaissances astronomiques des derniers siècles. Convaincu, ainsi que les Copernic et les Newton, que tout est ordre et harmonie dans la création, il tenta, par la voix de la méditation, de ramener à l'unité les phénomènes que lui révélait l'observation immédiate, et ses études du monde sidéral lui ont valu la triple gloire d'en avoir créé ou du moins ébauché l'histoire naturelle, la physique et la description systématique.

L'objet favori de ses spéculations paraît avoir été de déterminer la nature des phénomènes célestes, d'en donner une nomenclature exacte, et de les ranger en un ordre systématique qui serait en même temps l'histoire de leurs transformations successives. Il n'a atteint qu'à l'âge de soixante-seize ans, le but qu'il avait poursuivi pendant toute sa carrière. Son *astrognosie* est de 1811 et 1814 ; c'est sans contredit le plus remarquable et le plus complet de tous ses écrits, et nous ne voyons pas comment la partialité la plus injuste pourrait y découvrir la moindre trace des déchéances de la vieillesse. Herschel part dans cet écrit de la nébulosité diffuse pour aboutir par la nébuleuse laiteuse, la nébuleuse stellaire, la nébuleuse planétaire à l'étoile ordinaire, et passer de l'étoile simple par les étoiles binaires et mul-

tiples aux différentes espèces d'amas. Cette chaîne, dont
tous les anneaux sont reliés les uns aux autres avec un
art merveilleux, est plus brillante que solide, et elle a
été déjà brisée en partie par les nombreuses corrections
que le télescope de lord Ross apporte aux observations d'Herschel. Mais Herschel n'en restera pas moins
le Linné ou le Lavoisier de l'astronomie sidérale.

Herschel ne nous a pas laissé une description complète de notre galaxie. Une telle tentative aurait été
prématurée. Mais il a du moins esquissé à grands traits
la structure du monde, et ses dissertations abondent en
observations de détail sur les couches concentriques de
la voie lactée; sur l'espace vide qui la sépare des étoiles
fixes; sur la situation des amas dans le plan équatorial
de notre galaxie, et sur celle des nébuleuses laiteuses
vers les régions circompolaires; sur les relations des
nébulosités et des amas avec les étoiles fixes; sur le
nombre croissant de ces dernières avec leur distance à
la terre; sur la position centrale du soleil.

Herschel, enfin, a tenté d'écrire les premières pages
de la physique de ce monde dont il a été le naturaliste
et le cosmographe. Partant de la supposition qu'aux
origines de l'univers tous les astres étaient répartis
dans l'espace à une égale distance, il rendait compte,
en 1785, de leur distribution actuelle en constellations
et en amas, par l'attraction prépondérante que les plus
grands de ces astres auraient exercée sur les plus petits. En 1789, pour expliquer les différentes structures
des amas, il imagina des *forces d'agglomération*, qui seraient de simples modifications de l'attraction universelle, et qui varieraient d'intensité d'un amas à l'autre :

7.

ici, elles auraient agi avec une telle force qu'aujour-
d'hui les astres se serrent et se pressent en foule vers le
centre du système ; là au contraire, du centre à la circonférence, ils sont encore tous à la même distance les
uns des autres, et, si le système a déjà ses limites extérieures, son organisation intérieure est à peine com-
mencée. D'ailleurs, tous ces amas devant aboutir à la
figure sphérique, l'irrégularité de leurs formes, indique
leurs différences d'âge. Il en est parmi eux de très-
vieux et de très-jeunes. Ils sont « les chronomètres des
cieux. » Herschel crut aussi reconnaître une *force de
condensation* dans les nébuleuses laiteuses qui se trans-
formaient, d'après lui, les unes en une étoile unique, les
autres en une étoile binaire ou multiple, des troisièmes
en un amas de plusieurs milliers d'étoiles, selon le
nombre des centres qui se seraient posés dans la masse
primitive. On voit que dans toutes ses spéculations sur
la physique des étoiles fixes, Herschel ne se hasarda
point hors des limites de l'attraction, et n'eut jamais re-
cours aux forces répulsives, polaires, électriques, dont
la découverte et l'étude toute récente ouvre à la science
de tout nouveaux horizons. Mais l'attraction seule, c'est
la chute de tous les corps les uns sur les autres, et
Herschel n'avait à opposer à cette chute imminente que
la force tangentielle des mouvements de révolution.
C'est ainsi qu'il expliquait comment dans chaque
amas, les astres gardaient leurs distances respectives,
et il n'était au reste pas éloigné d'admettre que certains amas périraient par la chute de tous leurs astres sur le centre. « Mais comment les amas eux-mêmes
ne se précipitent-ils pas les uns sur les autres et l'uni-

vers ne forme-t-il pas une masse unique? » C'est, répondait Herschel (en 1785), que Dieu les en empêche et que les différentes parties du monde se font équilibre.» Herschel croyait donc en Dieu, et ne craignait point de recourir à sa toute-puissance dans des dissertations de pure science. Au milieu d'un siècle d'incrédulité et de matérialisme, la société des astres, dans laquelle il passait sa vie entière, alimentait sa croyance au Dieu créateur et conservateur du monde, et ce contemporain de Laplace fut par sa foi non moins que par sa science et par ses magnifiques découvertes, le digne successeur de Newton.

Mais peu importe, nous dira-t-on, la foi personnelle de l'astronome de Slough. Sa découverte de la pluralité des voies lactées ou galaxies a complété la théorie cartésienne de la pluralité des terres et des systèmes solaires, et l'astronomie, en posant ainsi par lui l'étendue illimitée de l'univers, a donné gain de cause au matérialisme contre la religion.

A cette objection, nous pourrions répondre que pluralité n'est point infinité. Mais nous devons avant tout faire observer que le principe sur lequel Herschel s'appuyait pour placer telles nébuleuses à d'incommensurables distances de notre voie lactée, ne trouverait plus aujourd'hui de défenseurs; qu'Herschel lui-même l'a répudié avec toutes ses conséquences, et que de son début à sa mort il s'est lentement et progressivement convaincu de son erreur. C'est une chose digne de remarque que la seule de ses hypothèses qui soit devenue vraiment populaire, est la seule qu'il ait reniée. Mais, ce qui est bien plus étrange, c'est que cette rétractation a passé complètement inaperçue, chacun semblant s'être donné le mot pour n'y jamais faire la moindre allusion.

Voici en peu de mots l'histoire de la révolution que l'étude persévérante des cieux a produite dans les opinions scientifiques d'Herschel.

Herschel, à son début, supposait que les étoiles avaient, comme les pommes d'un même arbre, à peu près toutes le même volume, et qu'elles étaient dispersées dans l'espace à des distances réciproques égales à celle qui sépare Sirius de notre soleil. Les astres de deuxième, de cinquième, de dixième grandeur apparente devaient donc être à deux, à cinq, à dix fois cette même distance, et ceux des extrémités de la voie lactée se trouvaient ainsi former le neuf centième ordre.

Comme notre système solaire est situé dans le centre de notre galaxie, le diamètre de celle-ci fut censé avoir une longueur égale à $2 \times 900 = 1,800$, ou 2,000 fois la distance de Sirius à notre terre. Puis, pour déterminer l'éloignement des nébuleuses qu'il supposait gratuitement devoir être autant de galaxies, il partit de cette même hypothèse de l'égale répartition des astres, et, d'après les lois de la perspective, il trouva que l'amas de 10,000 étoiles devait être du 1,280e ordre, et celui de 100,000 du 2,758e; que la nébuleuse résoluble, qu'il supposait contenir 636,000 étoiles, était à 5,112 fois la distance de Sirius, la nébuleuse non résoluble avec ses 2 ¹/₂ millions d'étoiles, à 8,115 fois, et enfin à 160,000 et à 320,000 fois cette distance les points nébuleux, aux formes indécises, qu'avec son télescope de quarante pieds, sa vue saisissait à peine (1). A ce dernier éloignement, la lumière n'arriverait jusqu'à nous que trois millions d'années après la création des mondes qui l'auraient émise, et peut-être longtemps après leur destruction. Le télescope pouvait ainsi lire dans le passé. L'imagination du public fut séduite par tout ce que cette hypothèse avait de colossal; on prit la plus arbitraire des suppositions pour une découverte du télescope, et l'on crut sur parole l'illustre Herschel.

Herschel était alors si convaincu de la vérité de son système cosmique, que la nébuleuse d'Andromède, qui est presque visible à l'œil nu, n'obtenait pas grâce à ses yeux. Il la reconnaissait bien pour la plus voisine de nous, mais cette proximité-là était de 2,000 distances stellaires (2).

Cependant, déjà dans sa première dissertation (de 1774), Herschel avait noté que, dans la plupart des cas, les nébuleuses étaient situées dans des déserts; que souvent, avant leur apparition, plusieurs champs du télescope n'offraient pas un seul astre; qu'elles se présentaient d'ordinaire plusieurs à la fois et par groupes; enfin, qu'elles se montraient rarement au milieu de très-petites étoiles, et communément entre des étoiles d'une certaine grandeur. « Le sujet est neuf, disait-il, » et il faut attendre de plus amples observations. » En 1785, il signalait dans le Scorpion un amas situé comme une île dans une mer dont les rives seraient formées par des rochers d'étoiles. Suivant sa propre explica-

(1) *Dissertations* de 1784, 1785 et 1800.
(2) *Dissertation* de 1785.

tion, cette mer, cette ouverture, ce désert, ce vide était
le résultat des ravages que l'amas aurait causés dans
ces parages, en attirant à soi tous les astres qui les peu-
plaient primitivement. La conclusion immédiate à tirer
de ces faits si remarquables, c'était évidemment que
les nébuleuses faisaient partie de notre galaxie, et que
même elles n'étaient pas à de très-grandes distances de
notre soleil. Mais Herschel ne le comprit point, tant il
était encore dominé par les préjugés de son époque (1).

Peu d'années s'étaient écoulées depuis ses premières
observations, quand, à son grand étonnement, Herschel
vit que quelques nébuleuses avaient changé de position.
Ces nébuleuses-là ne pouvaient plus être des galaxies,
et il fut ainsi conduit, en 1791, à supposer qu'il y a
dans le ciel autre chose que des astres et des amas
d'astres ; qu'en certaines régions du ciel il existe des
nuages lumineux qui enveloppent, chacun, comme
d'une immense atmosphère, une ou plusieurs étoiles,
et que même il en est d'indépendants de tout astre, qui
flottent librement dans l'éther ; ce qui prouve que leur
lumière n'est point d'emprunt. « Quels horizons nou-
» veaux, disait-il, n'ouvre pas l'idée d'une substance
» lumineuse fluide, d'une clarté telle qu'on la voit à la
» distance des étoiles de douzième grandeur, et d'une
» étendue telle qu'elle occupe des espaces de 3′ et de
» 6′ de diamètre! » C'était là, en effet, toute une révolution dans l'histoire naturelle et la physique des cieux,
qui se trouvaient enrichies de corps et de phénomènes

_____

(1) Herschel n'a jamais traité à fond la question vitale des relations qui peuvent exister entre nos étoiles fixes et les nébuleuses.
Elle n'a été reprise après lui que par Littrow.

dont personne n'avait deviné l'existence, et il y avait incontestablement une grande hardiesse à réduire toute une prétendue galaxie à n'être qu'une unique et chétive étoile, plongée dans un nuage lumineux.

En poursuivant ses observations, Herschel vit que sur 257 nébuleuses résolubles ou amas d'étoiles, il n'y en avait pas moins de 220 qui étaient situés ou dans le plan même de la voie lactée ou tout près de ses bords. Il devenait impossible de ne pas admettre que ces amas étaient des parties intégrantes de notre galaxie, au sein de laquelle ils étaient situés, et qu'ils constituaient une classe de systèmes sidéraux distincte de celle des constellations.

Restaient, pour la pluralité des galaxies, les nébuleuses irrésolubles et les nébulosités.

Les premières se refusaient sans doute si opiniâtrément à se laisser décomposer en étoiles qu'Herschel aurait fort bien pu les laisser à ces prodigieuses distances où il les avait placées au début. Mais il n'en fit rien, et il crut reconnaître en elles des étoiles ou des amas en formation. Ce fut ainsi que le nuage lumineux qui flottait dans l'éther et dont l'étoile toute formée s'emparait pour s'en envelopper, devint pour notre astronome le berceau de cette même étoile, et la nébuleuse irrésoluble ou laiteuse, aux formes plus ou moins régulières, prit place dans la classification et dans l'histoire des astres, entre l'immense et informe nébulosité et l'étoile ou l'amas parvenus à leur perfection.

Herschel se trompait sur la vraie nature de la nébuleuse laiteuse : le télescope de lord Ross nous a appris qu'elle aussi est un amas qui ne diffère des autres que

par la plus grande distance qui la sépare de nous, ou, à
égale distance, par l'extrême pâleur des astres qui la
composent. D'ailleurs, Herschel avait, à notre sens,
d'excellentes raisons pour faire rentrer toutes les nébuleuses laiteuses dans les limites de notre voie lactée.
Elles en occupent en effet les régions circompolaires, et
elles ont les mêmes formes, les mêmes dimensions, les
mêmes aspects, les mêmes associations simples et multiples, que ces amas qui sont incontestablement des
membres de notre galaxie.

Les nébulosités suivirent le sort des nébuleuses laiteuses. Ce sont des masses prodigieuses, fixes et informes, qui occupent au moins 1°, et quelques-unes, 8
et 9° carrés. Herschel alla même jusqu'à supposer que
celle d'Orion, ainsi que la nébuleuse irrésoluble d'Andromède, dont nous parlions tout à l'heure, est située
au devant d'étoiles de neuvième et peut-être même de
troisième et de deuxième grandeur.

Dans son *Astrognosie* de 1811 et de 1814, il n'est
plus une seule espèce de corps célestes qui ne forme un
des anneaux de la grande chaîne des êtres dont se compose notre galaxie, et, comme pour ne nous laisser aucun doute sur sa pensée, Herschel s'exprima en ces
termes dans sa dissertation de 1818, qui fut le chant du
cygne: « *Une sphère dont la dimension fondamentale
serait le plan de la Voie Lactée, comprendroit tous les
objets que l'homme a découverts dans les cieux.* Le diamètre en serait de deux mille fois la distance de Sirius.
Si l'on traçait une figure circulaire dont les rayons in-
diqueraient la distance des amas et des nébuleuses au
centre, et dans laquelle on convertirait les ascensions

droites en *élévations* au-dessus et au-dessous du plan de
la Voie Lactée, et les distances polaires en *azimuth*, un
cercle de dix-huit pouces renfermerait toutes les étoiles
visibles à l'œil nu, et la ligne qui aboutirait à un amas
du 734ᵉ ordre, aurait quarante-cinq pieds de longueur.»

Plus donc de galaxies innombrables semées au hasard dans le vide illimité, et plus de mondes situés à
de telles distances du nôtre que leurs rayons lumineux
ne nous parviennent qu'après un voyage de trois millions d'années. Les limites de notre voie lactée sont
celles de notre vision et de notre science. Mais cette
opinion finale de W. Herschel, qui est le dernier mot
et le couronnement de toutes ses études et de toutes ses
méditations, a été laissée dans un complet oubli. Humboldt n'en parle point dans son *Cosmos*, et peu s'en
faut qu'on n'y voie la preuve qu'Herschel s'était sur-
vécu à lui-même. Au moins ne faudrait-il pas persister
à lui attribuer une hypothèse dont la fausseté s'est de
plus en plus dévoilée à lui pendant tout le temps de sa
carrière scientifique.

Toutefois, nulle opinion individuelle ne fait autorité
dans les sciences, et la question de la pluralité des galaxies reste ouverte aux discussions des astronomes.
Nous n'ignorons point que la plupart se prononcent
pour l'affirmative, tout en admettant qu'un grand
nombre de nébuleuses font partie de notre monde. Il
est, en effet, certaines taches blanchâtres si pâles et si
indécises, qu'elles se dérobent en quelque sorte aux regards comme de vaines ombres, et qu'elles semblent être
situées à d'incommensurables distances. Mais les objets
les plus indistincts sont-ils réellement les plus éloignés ?

Le contraire ne résulte-t-il pas des Nuées de Magellan,
qui comptent, mêlés les uns dans les autres, 782 étoiles,
328 nébuleuses de toutes figures et de toute nature,
53 amas dont on distingue parfaitement les astres, et
de grandes taches, d'un éclat assez vif, qui font comme
un arrière-plan sur lequel sont dispersés des objets
d'une forme singulière et incompréhensible ? Si toutes
les nébuleuses et même toutes les nébulosités diffuses
sont des amas d'étoiles, ainsi que tout semble l'indi-
quer, comment se fait-il donc que, dans ces nuées, elles
soient irrésolubles pour un télescope de la force de
celui d'Herschel, à la même distance où ce même ins-
trument décompose sans peine en étoiles des nébuleuses
voisines de même grandeur ? Les astres des nébulosités
telles que celles d'Orion et d'Andromède sont-ils bien
de la même espèce que ceux des amas proprement dits ?
et les astres des amas sont-ils identiques à ceux de nos
constellations ? W. Herschel ne s'étonnait-il pas, en
1817, de « l'extraordinaire différence qu'il y a entre
» les nébuleuses réduites éloignées dont on distingue
» encore les étoiles, et la voie lactée qui, à une dis-
» tance beaucoup moindre, ne permet pas de distin-
» guer les siennes ? En un mot, les astres ne forment-ils
point un règne avec ses genres, ses ordres et peut-être
ses embranchements ? et cette hypothèse est-elle dé-
nuée de toute probabilité en présence de notre système
solaire, avec son immense astre central et lumineux, ses
corps opaques et ses comètes, avec ses planètes, ses
satellites et ses aérolithes, avec ses miniatures d'astéroïdes et son Jupiter ?

Au reste, peu importe à la religion qu'il existe une ou plusieurs voies lactées. Elle ne demande aux astronomes qu'une seule chose : c'est qu'ils retrouvent partout sur les corps célestes l'empreinte de l'intelligence et de la sagesse, et certes, depuis Copernic et Képler, ils ont si peu trompé son attente, qu'ils l'ont, bien au contraire, constamment dépassée. Partout ils ont trouvé poids, nombre et mesure. Dans notre système solaire, les planètes, dans leur orbite elliptique, parcourent exactement dans le même temps les courbes plus ou moins longues qui limitent des aires égales, et les carrés de leurs temps de révolution sont entre eux comme les cubes des grands axes de leurs orbites. La loi de leurs distances au soleil n'a point, il est vrai, la rigueur mathématique des lois de Keppler; mais elle est cependant assez exacte pour qu'on ait prédit l'existence d'une cinquième planète entre Mars et Jupiter. La densité des planètes ne diminue point, comme on aurait pu le croire, en raison inverse du carré des distances; les quatre petites planètes inférieures ont le poids des métaux les plus lourds, et les quatre grandes planètes supérieures ont du plus ou moins celui de l'eau : mais le volume et la densité se combinent d'une manière si ingénieuse, qu'un corps, en une seconde, tombe de quinze pieds sur la terre et sur sa sœur jumelle, Vénus, comme sur Mercure, qui est seize fois plus petit qu'elle, et comme sur Uranus et Saturne, qui sont quatre-vingt-deux et sept cent trente-cinq fois plus grands. La chute des corps sur Jupiter est de trente-neuf pieds, sur Mars de six, sur les astéroïdes de un : additionnons ces trois chiffres, divisons-en la somme par trois, et nous

aurons, pour valeur moyenne, quinze! Avec la densité
qui diminue et la distance au soleil qui s'accroît, on
voit grossir les volumes des planètes et des satellites,
augmenter leur nombre et les lunes se rapprocher de
leur corps central. Il y a là comme les jeux d'une intelligence qui, tantôt se soumet à des lois rigoureuses,
et tantôt s'en affranchit sans toutefois s'abandonner à
de vains caprices. C'est ainsi qu'elle a jugé bon de rem-
placer la cinquième planète par quatre-vingts astéroïdes
qui circulent sans se heurter dans une région qui semblait réservée pour une unique orbite. C'est ainsi encore que les comètes, « aussi nombreuses, disait Keppler,
que les poissons de la mer, » vont et viennent au milieu
des planètes et des satellites, traversant l'espace sous
tous les angles et dans toutes les directions possibles,
sans apporter le moindre trouble dans les mouvements
des autres corps. Tous les éléments du système ont été
combinés avec un tel soin, que leurs perturbations ont
toutes leurs limites fixes, et que la stabilité de tous est
assurée pour des temps éternels. Il est difficile d'ima-
giner une *machine* (Laplace a écrit un livre sur la *mécanique céleste*), une machine aussi simple dans son plan
général et aussi compliquée dans ses détails, aussi exacte
dans ses mouvements et aussi fantastique dans ses orne-
ments, aussi solide dans son ensemble, aussi flexible
dans chacune de ses parties. Quel en est l'auteur? le
hasard? Laplace lui-même répond pour nous : Impossible. Mais il ne veut pas non plus que ce soit Dieu.
Qu'y a-t-il donc entre Dieu et le hasard? La raison
impersonnelle des panthéistes allemands, qui arrive à
sa conscience chez l'homme? Mais il est, en vérité, par

trop étrange que la même raison qui, parvenue à son état de perfection, ne réussit pas à résoudre le *problème des trois corps*, l'ait, longtemps avant l'homme, dans son état d'impersonnalité, résolu mille et mille fois avec une admirable exactitude quand elle produisait ces amas où les corps se comptent, non par trois ni par trente, ni par trois cents, mais par trente mille. La matière avec ses forces et ses lois ? Mais que sont des lois que ne promulgue nul législateur et qui se font elle-mêmes ? et que sont des forces qui combinent, calculent, pèsent, mesurent, et qui exécutent leurs œuvres sans jamais se tromper et surtout sans jamais se répéter ? Voici une montre qui, par ses nombreux rouages, imite le mouvement diurne du soleil ou la rotation de la terre. Voilà dans les cieux une machine qui marque les heures et les années avec une rigoureuse exactitude. L'idée très-compliquée de la montre est, au dire des matérialistes, une sécrétion de notre cerveau. Je l'admets pour un instant : les corps simples ont pu, par la vie organique de la plante et de l'animal, s'élever jusqu'à la pensée humaine, et c'est le système nerveux qui a inventé la montre, à lui seul, sans âme ni esprit. Mais où donc est le cerveau qui a inventé la montre des cieux ?... Le matérialisme, qui condamne en bloc la philosophie, est la plus inconséquente, la plus dogmatique et la plus illogique de toutes les philosophies, et le bon sens, la foi et la vraie science diront, d'un commun accord, que, si le hasard ne peut expliquer notre système solaire, Dieu seul en peut être l'auteur.

Ce qui est vrai de notre système solaire, l'est de l'or-

ganisme dont il est un des membres, de notre galaxie
toute entière. La chimie constate par la décomposition
de la lumière, que les étoiles fixes sont formées des
mêmes corps simples qui existent sur notre terre ; l'astronomie a retrouvé les trois lois de Keppler chez les
astres doubles et multiples, et le célèbre astronome
russe, Struwe, a prouvé par le calcul des probabilités,
que la distribution des étoiles qui peuplent la voûte
azurée, et leurs constellations ne sont point l'effet du
hasard. On a même tenté, en recourant à l'analogie du
système solaire, de deviner les lois qui ont présidé à la
construction de notre galaxie.

En 1822, le savant et pieux G. de Schubert publiait
en allemand, sous le titre : *Les étoiles fixes et le monde
primitif*, un livre plein de poésie et d'originalité, où,
mettant à profit les découvertes récentes de W. Herschel et de Struwe, il opposait notre système solaire au
monde sidéral, et constatait les étranges disparates qu'offraient nos astres opaques si lourds, si inertes, si
morts, avec les étoiles binaires et avec les astres des
amas, simples « gouttes de lumière. » L'extrême té-
nuité de ces corps célestes lui parut s'expliquer d'une
manière naturelle et plausible par leur grande distance
du centre de la galaxie, et il appliqua à celle-ci la loi de
notre système solaire, en vertu de laquelle s'accroissent
avec la distance, le nombre, le volume et la proximité
des astres.

Schubert aurait pu s'appuyer sur le passage suivant
d'Herschel : « Le nombre des étoiles croîtrait comme le
» cube de leur distance de la terre, si ces corps étaient
» également dispersés dans l'espace. En appliquant ce

» principe à la forme sphérique, et en supposant, en
» outre, que les diverses grandeurs apparentes des
» astres proviennent de leur plus ou moins grand éloi-
» gnement, on voit que les premiers cercles concen-
» triques contiennent moins et tous les autres plus
» d'étoiles que la théorie ne l'exigerait. Ainsi, on compte
» 17 primaires au lieu de 26; 83 du deuxième ordre au
» lieu de 125; 289 du troisième au lieu de 343; puis
» le quatrième ordre en offre 743, tandis que le calcul
» n'en veut que 729; le cinquième en a 1,904 au lieu
» de 1,334; le sixième 8,077 au lieu de 2,197; le
» septième 14,153 au lieu de 3,375. Notre système,
» continue Herschel, est donc composé à l'inverse de
» la plupart des assemblages connus : le nombre de ses
» corps va en diminuant vers le centre, et leur multi-
» plication extrême commence subitement à une dis-
» tance précise. » Par quelle hypothèse Herschel rend-
il compte de ces faits? « Peut-être, loin du centre les
» astres sont-ils composés de substances moins maté-
» rielles, et la masse qui dans la région centrale n'aurait
» formé qu'un corps, se sera divisée ailleurs en plusieurs
» étoiles (1). » Ces dernières lignes, que je n'ai vues citées
nulle part, me semblent contenir en germe une de ces
grandes vérités que les générations suivantes dévelop-
pent et mettent en lumière, et qui marque un progrès
plus ou moins sensible dans l'histoire d'une science.

Le fait qui avait éveillé si vivement l'attention
d'Herschel, est en réalité beaucoup plus extraordinaire
encore qu'il ne le pensait. Voici, d'après Argelander,

(1) Dissert. de 1785.

qui est d'accord avec Struwe, les différences que les
nombres théoriques offrent avec les nombres réels :

ÉTOILES de	CHIFFRES THÉORIQUES.	CHIFFRES RÉELS	
		d'Herschel	d'Argelander.
1er ordre.	26	17	20
2e ordre.	125	83	65
3e ordre.	343	289	190
4e ordre.	729	743	425
5e ordre.	1,331	1,904	1,100
6e ordre.	2,197	8,077	3,200
7e ordre.	3,375	14,153	13,000
8e ordre.	4,913	»	40,000
9e ordre.	6,859	»	142,000

Ainsi le chiffre réel des astres s'accroît subitement
et dans une proportion tout à fait extraordinaire au
septième ordre, qui comprend les premières étoiles télescopiques, et ces étoiles se distinguent donc de celles
des six premiers ordres qui sont visibles à l'œil nu, bien
plus par leur nombre immense et leur nature propre
que par le fait accidentel de leur distance qui les sous-
trait à notre vue simple.

Si nous nous appuyons tout à la fois sur les calculs
des astronomes et sur les analogies de notre système solaire, notre galaxie serait formée de zones concentriques d'étoiles de plus en plus rares, de plus en plus
nombreuses, de plus en plus voisines, peut-être de
plus en plus volumineuses et de moins en moins bril-
lantes. Ces zones se succéderaient du centre aux extrémités de la voie lactée d'après une loi analogue à celles
qui dans notre système déterminent les distances des

planètes au soleil, et des satellites aux planètes. Les différences de densité seraient si grandes, d'après cette hypothèse, que la nature dans notre région centrale
pourrait fort bien présenter un tout autre aspect que
vers la circonférence. Non point sans doute que l'attraction, la lumière, la chaleur, l'électricité ne soient
communes à toutes les zones, car elles constituent la
matière elle-même, et l'unité de plan de notre monde
ne permet pas de supposer différentes espèces de ma-
tières. Mais tandis que autour de nous les forces attractives prédominent sur les forces répulsives au point de
les opprimer et de les éclipser, vers les extrémités les
forces répulsives prédomineraient en plein sur les forces
attractives, qui seraient réduites à leur minimum d'activité.

Les différentes zones dont se compose notre galaxie,
seraient les suivantes, au nombre de six :

1° *La région centrale* où sont les étoiles primaires
avec le soleil, et qui est très-pauvre en astres comme
l'est au reste celle de certaines nébuleuses annulaires;

2° *La zone* des autres étoiles visibles à l'œil nu ou *des
constellations*, qui comprend la presque totalité des
étoiles binaires;

3° *La zone des étoiles télescopiques*, dans laquelle les
constellations semblent se prolonger, et où nous pla-
cerions les nébulosités diffuses;

4° *L'océan* circulaire dont les golfes profonds pénètrent à droite dans les régions *cisatlantiques* et à
gauche dans les régions *transatlantiques*, et où sont
semés, comme autant d'îles et d'archipels, la très-grande
majorité des amas;

8

5° Dans les régions transatlantiques, *le premier anneau de la voie lactée* avec ses quarante groupes ou systèmes d'astres, ses bras peu considérables et ses deux branches qui se réunissent à une très-grande distance de leur point de partage. C'est ainsi qu'une certaine nébuleuse offre un globe large et brillant, entouré, au delà d'un espace vide, par un anneau qui se divise en deux lames sur les deux cinquièmes de sa circonférence ;

6° *Un deuxième* et peut-être un troisième et dernier *anneaux* formés de près de deux cents systèmes. Les bords extérieurs de la voie lactée sont certainement découpés par des bras, des presqu'îles qu'elle projette dans le vide ; car W. Herschel, en sondant les profondeurs de cette couche blanchâtre, tantôt découvrait par delà les dernières étoiles, les ténèbres du dehors, et tantôt était comme arrêté par une multitude irrésoluble d'astres qui se couvraient les uns les autres.

Quel que soit le vrai plan de notre galaxie, nous sommes certains qu'elle est aussi peu l'effet du hasard que notre système solaire, et l'astronomie, en décuplant la force de ses télescopes actuels, découvrirait des myriades de voies lactées, qu'encore dirions-nous que le hasard les a aussi peu produites que la nôtre. Mais jamais cette science, toute d'observations, ne prouvera contre la religion que le monde est infini ; car elle n'a pas le droit de rien affirmer ni de rien nier de ce qui dépasse absolument les limites où s'arrête la vue de l'homme, et si elle veut se risquer dans le domaine des hypothèses, il ne lui est pas permis de supposer, dans

les régions qui lui sont inconnues, un ordre de choses
diamétralement opposé à celui qui subsiste dans celles
qu'elle explore et connaît. Or, d'un bout de nos cieux à
l'autre, tout est système et organisme, c'est-à-dire tout
a un milieu, un commencement et une fin, et ce n'est
qu'à cette condition qu'il y a plan, ordre, perfection,
unité dans la diversité. Un univers infini serait, au contraire, une diversité infinie, sans unité, sans plan, sans
organisme, sans système, et l'ensemble qu'on ne connaît
pas, devrait être exactement l'opposé de ce que sont manifestement tous ses membres.

Que l'astronomie élargisse tant qu'elle voudra, les
limites de l'univers : elle ne les supprimera jamais, et
ne fera que rendre à la religion l'éminent service
d'agrandir immensément l'idée de la Divinité. Nous
croyons et savons sans doute que notre Dieu est infini;
mais ce terme, à tout prendre, n'a pour nous qu'un sens
vague et confus. La science vient à nous avec les découvertes que font les Herschel et leurs collègues dans le
monde des étoiles fixes, et à mesure qu'elle agrandit
indéfiniment, sous nos yeux, le domaine de la création,
le Dieu Créateur s'élève dans notre esprit à un degré
toujours plus sublime de puissance, de sagesse et de
majesté. Dans cette lutte qui s'établit en notre esprit
entre l'immensité de l'univers et l'infinité de Dieu, nous
finissons par nous rendre un compte un peu exact de ce
dernier terme, et nous nous disons que pour un Être
infini, l'univers le plus incommensurable n'est encore
qu'un point imperceptible, qu'un néant.

Notre voyage à travers les siècles est terminé. Jetons

en arrière un regard sur la route que nous avons par-
courue. Nous verrons l'astronomie, en approchant du
terme de sa carrière, revenir près de son point de départ; car tout développement peut se comparer aux
courses des chars dans les jeux olympiques.

W. Herschel, par les résultats de ses observations, si
ce n'est par l'esprit qui l'animait, donne la main à l'en-
thousiaste et mystique Keppler dont la vie entière n'a
été qu'une longue recherche des pensées du Créateur.
Keppler, cependant, était le digne héritier de Pythagore et de ces sages de la Grèce qui, du milieu de leurs
ténèbres scientifiques, entrevoyaient confusément et les
bases mathématiques de l'édifice du monde, et l'échelle
des sphères de moins en moins denses.

Ignorant la vraie nature de Dieu non moins que celle
du monde physique, ces sages faisaient de l'univers une
espèce d'animal divin, un être formé d'un corps et d'une
âme intelligente : nous, nous rendons à Dieu ce qui est
à Dieu, et dépouillons la créature de ce qui ne lui appartient pas; mais l'intelligence qu'ils découvraient
dans les cieux, nous l'y voyons aussi, et l'admirons dans
l'organisme du monde; seulement elle procède pour
nous tout entière de l'Éternel. — Ils ne connaissaient
que quelques mille étoiles, tandis que nous en avons
compté des myriades de millions; mais leur foi dans
l'ordre du monde n'était pas moins grande que là nôtre,
et ils se demandaient quelles lois régissent les planètes,
de même que nous nous enquérons des lois des étoiles
fixes, et que nos descendants scruteront celles de la
voie lactée transatlantique. — Ils ne possédaient point
d'instruments; leurs connaissances des phénomènes cé-

lestes étaient donc presque nulles, et ils tentaient de
suppléer à leur ignorance par des raisonnements *à
priori;* mais, du moins, avaient-ils fort bien discerné
les faits dans lesquels sont renfermés les secrets des
cieux : « Ils cherchaient, disait Plutarque, les propor-
» tions de l'âme du monde, les uns dans les vitesses pé-
» riodiques des corps célestes, les autres dans leurs
» distances du centre, quelques-uns dans leurs masses,
» d'autres, plus subtils, dans les rapports des diamètrés
» des orbites. » — La durée des révolutions des planètes avait indiqué aux Grecs et aux Orientaux la place
que chaque planète occupe entre la terre et les étoiles
fixes : aujourd'hui nous calculerions pareillement les
distances des étoiles fixes au centre de la voie lactée
d'après leurs mouvements propres, s'ils nous étaient
suffisamment connus. — Comme les anciens définis-
saient l'âme par le mouvement, et que la quantité de
mouvement était pour eux la mesure de la quantité de
l'âme, la terre immobile devait avoir le moins d'âme, et
les proportions de l'âme aller en croissant de la terre
par les planètes aux étoiles fixes qui opèrent chaque
jour leur révolution avec une excessive vitesse; mais
c'est là, sous une forme incorrecte, notre loi de la dimi-
nution de la densité qui est du plus au moins propor-
tionnelle à la distance au centre, loi que l'observation
a découverte dans notre système solaire, et qui paraît
également vraie du monde entier. — Enfin, dans leur
persuasion que tout a été fait avec nombre et mesure,
ils déterminaient avec une rigueur mathématique la
série progressive des parties de l'âme et par là même
les intervalles des sphères célestes. Leur science ima-

8.

ginaire dépassait sur ce point notre savante ignorance, et il ne nous est plus permis de construire avec des idées la réalité; mais nous sommes certains que les intervalles des sphères concentriques que comprend la voie lactée, sont soumis, comme les intervalles des planètes, à une loi aussi précise que celle que pressentaient les Pythagoriciens.

Ces sages, cependant, étaient à leur tour les dignes successeurs du peuple primitif qui s'était fait déjà son système du monde, et qui, lui aussi, plaçait entre la terre et Dieu trois cieux de plus en plus éthérés et purs. L'humanité à son berceau pressentait donc confusément le vrai plan de l'univers, que les meilleurs des philosophes grecs aspiraient à connaître avant le temps par voie de divination, et que dévoilent peu à peu les astronomes modernes avec le secours de leurs puissants télescopes. Leurs découvertes les plus récentes étaient inscrites dès l'origine de l'histoire dans le fond de toute âme d'homme. La vraie science n'est que l'illumination de l'instinct.

APPENDICE

Les hypothèses du chrétien.

Au pied du trône où siége le Créateur de l'univers, le croyant se souvient des mystères de sa foi. Il abaisse delà ses regards sur la terre, sa demeure actuelle, où brille la croix de Golgotha ; il les plonge dans les profondeurs des cieux, sa future patrie, où les anges l'attendent, et il se demande, avec une sainte curiosité, quelle peut être dans l'immensité de l'univers la place assignée à la terre et au système solaire, et quels droits les cieux ont bien à l'honneur d'être peuplés par les anges.

A. — LA TERRE.

Copernic, qui avait chassé la terre du centre mathématique et physique du monde, y avait placé le soleil, et Keppler l'y avait maintenu. Depuis Descartes, cet astre avec tout son système avait disparu dans la tourbe confuse des mondes. Herschel l'en a retiré, et lui a assigné définitivement son poste dans la région centrale de notre galaxie. En effet, si le soleil n'était pas dans le plan moyen ou équatorial de cette couche, l'un des hémisphères célestes comprendrait à lui seul les six

mille étoiles visibles à l'œil nu, tandis que l'autre n'of-
frirait à nos regards que d'effrayantes ténèbres. La voie
lactée nous apparaîtrait pareillement en un certain point
très-large, et très-étroite dans la région diamétralement opposée, si nous étions placés vers l'une des extrémités et non vers le milieu du monde des étoiles fixes.
Toutefois, la situation du soleil est excentrique : il est
plus rapproché du pôle nord de la voie lactée ou de la
couronne de Bérénice que du pôle opposé, et de la
région de la voie lactée qui est derrière le Cygne et
l'Aigle, que de celle au devant de laquelle brillent Sirius, le Navire et la Croix. Mais cette situation excentrique du soleil parmi les astres ne correspondrait-elle
point à celle de Jérusalem sur la terre, et le système
solaire ne serait-il point la Judée des cieux ? Le même
Dieu n'a-t-il pas humilié l'un et l'autre par leur faiblesse naturelle et glorifié l'un et l'autre par la splendeur
de ses grâces ?

Comparée aux pays voisins, la terre de promission
était un coin de terre sans importance, et si Dieu n'en
avait pas fait la demeure de son peuple élu, on aurait
aussi peu parlé d'elle dans l'histoire de l'humanité,
qu'on ne le fait de l'Idumée ou de Moab et d'Ammon.
Mais cette Judée était cependant située au centre de
l'ancien monde, et lorsque Jésus-Christ y eut allumé le
flambeau de l'Évangile, il resplendit de là, comme
d'une haute montage (1), sur la terre entière. De soi, le
pays de Canaan était nul : par sa situation il pouvait
devenir le foyer de la vie religieuse de toute l'huma-

(1) Matth, v, 14.

nité. Il ne le serait jamais devenu s'il eût été voisin du
cap de Bonne-Espérance, de la presqu'île de Malacca ou
du Kamtchatka, et il n'était point non plus nécessaire
pour sa mission qu'il fût placé au centre mathématique
de l'Asie, de l'Europe et de l'Afrique, qui serait plutôt
la vallée de Cachemire. Il suffisait, il était même plus
convenable que sa place fût au point de contact des trois
continents, à leur centre physique et historique. Or, le
système solaire est de même situé, non aux extrémités
de la voie lactée, ni exactement à son axe de rotation et
à égale distance de ses deux pôles, mais simplement
vers son milieu. Ajoutons que s'il est entouré d'un
désert sans étoiles, la Judée l'est aussi de vastes plaines
inhabitées, sablonneuses ou liquides, qui l'isolent de
l'Euphrate, de l'Égypte et des terres occidentales.

Au soleil, qui est la capitale de son système, correspond Jérusalem, qui était la lumière de la Judée.
Jérusalem n'éclairait pas d'une manière uniforme les
douze tribus : car celles qui habitaient en Galaad au
delà du Jourdain, n'étaient pas comprises dans les limites de la Terre Sainte proprement dite. Nous com-
parerons donc la vallée du Jourdain à la région des astéroïdes qui sépare les planètes en deux groupes. Le
groupe supérieur des grandes et lointaines planètes,
c'est le pays de Galaad, qui était à peine éclairé par la
lumière de Sion et de Morija, et qui, malgré la vaste
étendue de ses plaines qui se prolongeaient à perte de
vue du côté de l'Euphrate, n'a joué qu'un rôle insi-
gnifiant dans l'histoire du peuple élu.

Le foyer de cette histoire, c'est la région à l'ouest du
Jourdain, sur laquelle Jérusalem exerçait directement

sa puissante influence. Mais ce n'est point dans la ville
centrale qu'a vécu Celui qui est la lumière du monde,
le centre ou le pivot de l'histoire humanitaire : il est né
à Bethléem, qui était une des plus petites villes parmi
les milliers de Juda, il a grandi à Nazareth, d'où il ne
pouvait, disait-on, sortir rien de bon, et pendant son
ministère, sa demeure était à Capernaüm, dont on igno-
rerait sans lui l'existence. Cette affection du Christ pour
les habitations les plus humbles nous dit pourquoi il
s'est incarné sur notre opaque et modeste planète plutôt
que sur l'immense et brillant soleil.

Toutefois, la terre que devait habiter le Fils de Dieu,
avait été, dès son origine, distinguée des autres planètes
inférieures par certains signes particuliers. Seule d'entre
elles elle possède un satellite ; le volume de ses sœurs
s'accroît de Mercure par Vénus à elle, et décroît depuis elle par Mars aux astéroïdes ; et elle occupe dans
leur rang une place moyenne qui permet de conclure
au juste tempérament de tous ses éléments constitutifs.
Le péché, sans doute, en a rompu l'équilibre ; mais au
travers de tous les désordres qui se sont introduits sur
la terre, on peut reconnaître encore en elle la fleur et
le sanctuaire du système solaire (1), comme la Judée
est le sanctuaire et la fleur de la terre elle-même. Dans
cette Judée, qui a été bénie entre toutes les régions de
notre planète, les ardeurs du midi sont tempérées par
les vents de la Méditerranée qui la baigne à l'ouest, et
par l'air froid qui descend des hautes cîmes du Liban à
son septentrion. La forme tout asiatique du monotone

(1) Steffens, *Anthropologie*, t. p. 259-263 (en allem.).

et aride plateau s'y combine de la manière la plus heureuse avec celle des pays de montagnes qui caractérisent notre Europe. Rien d'immense, de gigantesque, mais rien non plus de mesquin; la nature s'y montre dans sa vraie beauté, qui n'est ni sublime ni gracieuse, et qui amollit aussi peu l'âme qu'elle l'écrase. Les monts étaient ou sont encore couverts jusqu'à leur sommet d'une riche végétation. De nombreux ruisseaux en descendent dans de riantes vallées. L'orme, le pin de nos contrées plus voisines du pôle que de l'équateur, prospèrent dans ce pays aussi bien que le chêne et le térébinthe des régions chaudes et que le palmier des tropiques; le blé et la vigne, le figuier, l'olivier, le grenadier sont sa principale richesse, à laquelle s'associent à la fois le pommier et l'arbre à baume. La Judée est bien parmi les contrées de la terre ce qu'est la terre parmi les planètes, le lieu fortuné où les extrêmes se rencontrent et s'harmonisent.

Mais sur le pays d'Emmanuel (1) a été imprimé de la main du Créateur un sceau mystérieux et tout extraordinaire, qui était comme une prophétie des événements étranges dont cette contrée devait être le théâtre. Le grand fleuve de la Judée a sa source dans un paradis, son embouchure dans un enfer, et son cours dans une dépression qui atteint de douze à treize cents pieds au dessous du niveau de la Méditerranée. Il y a bien dans l'Afrique septentrionale et dans l'Asie centrale une oasis de Jupiter Ammon, un lac Triton, une mer Caspienne qui sont plus bas que l'Océan; mais la différence

____

(1) Esaie, viii, 8.

est à peine de cent pieds et n'influe point d'une manière
appréciable sur le climat et la végétation, tandis que la
mer Morte et la vallée du Jourdain doivent à leur pro-
digieux enfoncement une température d'une excessive
chaleur et une physionomie toute particulière. D'après
les lois de l'analogie, qui est ici notre seul guide, ce
qui est vrai de la Judée comparée aux autres régions
terrestres, doit l'être du soleil et de son système relativement aux étoiles. Notre monde n'est point sans doute
formé d'autres éléments, ni régi par d'autres lois que
les astres qui peuplent l'immensité des cieux, comme
aussi la Judée a la même structure, les mêmes roches,
les mêmes eaux, la même atmosphère que le reste de
la surface terrestre. Le berceau du Fils de Dieu et ceux
des enfants des hommes ont été faits du même bois ; le
sol qui supporte l'Église se prolonge, identique, sous
les fondements des palais où demeurent les rois de ce
monde. Mais le soleil et les astres de son cortége doivent
pourtant avoir, eux aussi, leur caractère spécifique, qui
rappelle sans cesse aux habitants des cieux le grand
mystère qui s'opère dans cette partie du monde. Ce
trait distinctif ne sera rien d'éclatant : là dépression
de la vallée du Jourdain n'est-elle pas restée inaperçue
jusqu'à ces dernières années ? Dieu se plaît à cacher ses
intimes pensées sous les épais replis d'un voile transparent. Mais le système, dans les limites duquel s'est
incarné jadis le Verbe et a grandi de siècle en siècle le
futur Roi de l'univers ; celui qui paraît avoir été la dernière des créations de Dieu ; celui dont le berceau a
probablement été la ruine d'un monde antérieur, a certainement dans sa structure quelque chose de particu-

culier, d'unique. Ainsi le veulent l'analogie et la foi, et l'astronomie ne s'y oppose point. Mædler lui-même représente « le système solaire comme une monarchie, et le monde des étoiles fixes, autant qu'on en peut juger, comme une confédération de républiques. » Le soleil ne serait-il point plus dense et moins brillant que tous les autres astres qui peuplent les cieux? Existe-t-il d'autres mondes formés de corps opaques, comme le sien? Celui-ci n'est-il pas de tous le plus compliqué et le plus divers, le seul qui possède à la fois une lumière zodiacale, des myriades d'aérolithes, des planètes de toute grandeur, des satellites, et des comètes rétrogrades et directes? N'est-il pas aussi le seul où les corps soient aussi lourds, les intervalles aussi grands, les mouvements aussi rapides et violents, la subordination aussi sévère? (1). Ce ne sont là sans doute que des suppositions fort hasardées, mais elles le sont beaucoup moins que les rêves du déiste, qui ne voit partout que des systèmes pareils au nôtre ; car elles s'appuient d'une manière générale sur la position du soleil vers le centre du monde, où les astres sont certainement le plus denses, et sur le contraste que font avec notre monde les étoiles multiples et les amas d'étoiles.

Cependant, l'âme pieuse, s'abandonnant aux rêves que fait naître en elle l'étude des cieux, se demande si l'astronomie ne jetterait point un jour inattendu sur certains passages obscurs de nos Livres saints. Ainsi saint Paul nous dit que « Dieu a réconcilié par Jésus-» Christ et par le sang de sa croix, toutes choses tant

(1) C'est le point de vue de Pfaff et de G. de Schubert.

» celles qui sont dans les cieux que celles qui sont sur la
» terre » (1). La réconciliation suppose des pécheurs. Les
pécheurs des cieux ne sont pas les anges déchus, pour
qui n'est point mort le Sauveur du monde, d'après la
déclaration formelle de l'auteur de l'Épître aux Hébreux (2). Qui sont donc ces êtres coupables qui vivent
dans les cieux sans être des anges, et qui tiennent d'assez
près à l'homme pour être rachetés par le même sacrifice?
Ne seraient-ce point les peuples de ces planètes qui sont
les sœurs de la nôtre? D'après la révélation des six jours,
ces astres sont en effet tous sortis du même chaos, et
nos lecteurs connaissent l'hypothèse qui fait du chaos
la ruine d'une terre de l'aurore qu'aurait habitée Luci-
fer (3). L'ancien roi de cette portion des cieux aura séduit toutes les créatures intelligentes qui ont pris la
place de son peuple déchu; le péché les aura toutes in-
fectées; Dieu veut les réconcilier toutes avec lui, et
l'œuvre du salut qui s'opère sur notre terre, est une
œuvre commune à tous les astres du système solaire.
Les *anges*, qui en suivent toutes les phases de leurs
hautes demeures, et qui plus d'une fois ont visité notre
terre, vont, *messagers* fidèles, annoncer la bonne nouvelle du salut aux autres planètes, comme les mission-
naires le font aux nations les plus éloignées. Mercure,
c'est notre Afrique; Vénus, l'Asie; Mars, l'Amérique; les
Astéroïdes, la Polynésie; Uranus, les régions hyperbo-
réennes. Pourquoi même restreindre à notre système

(1) Colossiens, 1. 19, 20. Ephés., 1, 10.
(2) 2, 16.
(3) *Histoire de la Terre*, p. 48 et suiv.

•solaire l'évangélisation des anges et l'efficace du sacrifice du Christ? Qui sait si le chaos n'a pas été le berceau de toutes nos étoiles fixes, de notre voie lactée tout entière?

B. — LES CIEUX.

Nous quittons la terre pour visiter en imagination les cieux qu'habitent les anges, et où l'Eternel réserve aux croyants « l'héritage qui ne se peut souiller, corrompre » ni flétrir (1). »

A l'entrée de ce voyage, brisons d'abord nos mesures terrestres : pieds, toises et lieues de vingt-cinq au degré, heures et minutes, jours et mois, et années. Il nous faut de tout autres unités. Ferons-nous usage du diamètre de notre planète qui est de trois mille lieues? Mais cet astre n'est qu'un atôme imperceptible dans l'immensité de l'espace. Son orbite même, dont la longueur est de soixante-dix millions de lieues, est à peine dans le système métrique des cieux ce que la ligne est à notre pouce; et le diamètre du cercle que décrit autour du soleil Uranus ou Neptune, ne serait encore qu'une mesure de pygmée. Notre nouvelle unité de distance sera l'espace qui sépare le soleil de l'étoile la plus voisine, qui est α du Centaure. Mais cet espace, comment le franchirons-nous? Une voiture à vapeur qui ferait à l'heure ses quinze lieues, n'arriverait qu'après vingt-six mille millions de journées! Nous attacherons à

____

(1) Pierre, 1. 4.

notre pensée les ailes de la lumière, qui traverse ses·
quatre-vingt mille lieues par seconde, et qui nous trans-
porterait en huit minutes au soleil.

Nous nous dirigeons donc vers cette étoile du Centaure, qui est l'une des plus belles des cieux et la plus
brillante des étoiles doubles. En six heures, nous attei-
gnons à l'orbite de Neptune. Les planètes pâlissent et
disparaissent derrière nous; nous rencontrons encore
quelques comètes paraboliques, qui se promènent à pas
de tortues dans la nuit, et bientôt le désert nous enveloppe avec ses ténèbres que le soleil n'a plus la force de
dissiper, et qui vont s'épaississant de plus en plus. Les
jours s'écoulent, et nulle étoile ne s'offre sur notre
route. Les semaines s'écoulent, et la solitude est la
même; les mois s'écoulent sans que la pâle lumière de
quelque nébulosité, planant dans le vide, vienne récréer
un moment notre vue ; la première, la seconde année
s'écoule, et toujours le désert. Cependant, le soleil n'est
plus pour nous qu'une étoile primaire, et celle qui est
le terme de notre voyage, grandit à peine à nos yeux.
Enfin, nous y arrivons trois ans et six mois après notre
départ, et en abordant, nous admirons le spectacle de
deux astres lumineux l'un et l'autre et de grandeur
presque égale, qui gravitent en soixante dix-sept ans
autour d'un centre vide, et qui ne savent ce que c'est
que la nuit et ses ténèbres. Que notre âme s'ouvre à la
joie! ici tout est lumière, vie, santé, force, paix et
félicité.

Cet astre double du Centaure n'est que notre première étape dans le monde céleste, qui déploie devant
nous ses immenses archipels. De quel côté porterons-

nous notre vol, qui semble rivaliser de vitesse avec celui de la pensée? Nous irons, nous reposant de lieu en lieu, vers ce groupe des Pléiades, qui est, au dire de Mædler, le centre autour duquel circulent toutes les légions des étoiles fixes. Mais que nos forces ne nous abandonnent pas dans ce trajet, qui est de cinq siècles ! Et si d'Alcyon nous voulions visiter la zone des étoiles télescopiques, franchir l'océan éthéré et nous enfoncer dans les labyrinthes de la voie lactée, ce ne serait qu'au bout de trois et de quatre mille ans, que nous en atteindrions les dernières limites, où nos regards, plongeant dans des abîmes de ténèbres, découvriraient peut-être, à d'incommensurables distances, d'autres mondes inaccessibles, même à notre imagination.

Aux espaces immenses de nos cieux correspondent des périodes non moins immenses. Parmi les étoiles multiples, il y en a dont la marche est si lente, qu'elles ont à peine parcouru, depuis la création d'Adam, une seule fois leur orbite; d'autres n'en ont pas même achevé la première moitié. Aussi leur mouvement semble-t-il un repos absolu. Toutefois, les révolutions sans fin de ces satellites lumineux, qui gravitent autour de leurs étoiles centrales, sont de courtes heures et des minutes au prix du temps que met notre voie lactée tout entière à tourner une fois sur elle-même. On prétend que les astres qui sont à son centre même, les Pléiades, font leur révolution en deux millions d'années terrestres; à sa distance du centre, le soleil, ajoute-t-on, ne reviendrait à son point de départ que lorsque notre planète aurait circulé dix-huit millions de fois autour de lui; et à ce taux là, quelles ne doivent pas être les

9.

périodes des astres que baigne le grand océan, et celles des groupes qui forment les anneaux de la voie lactée?

Quel est donc ce monde où la science nous a transportés? Sommes-nous encore dans les limites du fini? Comment notre esprit, qui ne peut rien concevoir qui ne soit dans le temps et l'espace, se trouve-t-il en présence d'espaces et de temps qui le débordent, de distances qu'il ne peut plus mesurer, de périodes qui sont pour lui « des moments de l'éternité? (1). » Cette vision, telle qu'une trop vive lumière, nous éblouit et nous aveugle : même elle nous remplit d'une secrète terreur et d'une angoisse indicible. Tout notre être moral en est violemment ébranlé, et nous ne savons ce qui en restera debout. Aussi nous prenons-nous à regretter que l'astronomie nous ait initiés **aux** mystères des cieux. Nos Alpes ne sont-elles pas plus sublimes, nos vallées plus riantes que toutes les étoiles ensemble? La terre ne suffit-elle pas à nos désirs, le foyer domestique à notre bonheur? Dieu ne nous a pas donné des ailes pour que nous nous envolions vers d'autres astres. Pauvres vermisseaux, nous vivons humblement dans la poudre et ne pouvons contempler les cieux que de très-loin. Mais autres sont les pensées de la chenille, qui ne traverserait pas dans sa vie entière la vallée, autres celles du papillon qui la franchirait en peu d'instants, et cependant le papillon est-il autre chose que la chenille ressuscitée? Nous aussi, nous aurons un jour des ailes ; déjà même nous les possédons en espérance, et, si le péché ne nous enchaînait pas à la terre par les liens

(1) Lambert, *Système du Monde*, 1770, p. 140.

des convoitises, nous aurions le sentiment que nous sommes, dès maintenant, des habitants des cieux, car notre patrie est un astre et notre soleil une étoile. Les meilleurs d'entre nous éprouveraient un vif désir de connaître les merveilles de ce monde lumineux qui est suspendu sur nos têtes, et tous, nous sentirions que notre inintelligence des choses célestes provient des limites de nos sens et non point de celles de notre entendement. Mais un jour viendra où nous sortirons de la chrysalide de la tombe, papillons aux ailes puissantes. Alors notre marche aura, je ne dis pas l'excessive lenteur de la lumière qui se traîne, dit Schubert, comme un limaçon dans les plaines éthérées, mais la vitesse de l'attraction, qui est huit millions de fois plus grande que celle des rayons solaires, mais l'instantanéité de la pensée qui participe à la toute présence divine. « Nous serons, a dit Jésus-Christ, semblables aux anges, (1) » et l'ange, c'est une intelligence qui, en vertu de sa propre essence, est affranchie des lois de la pesanteur et n'obéit qu'à celles de l'esprit.

Nous voudrions créer un monde qui correspondît au peu que nous savons de ces êtres célestes, que nous ne le ferions pas autre que celui dont l'astronomie nous fait connaître les clartés si pures, les substances si subtiles, les mouvements si paisibles, les astres si variés, les proportions si vastes, l'aspect à la fois si solennel et si joyeux. Ces cieux où tout n'est que lumière; ces cieux où l'on voit des milliers d'étoiles, en rangs serrés, s'inonder à l'envi de torrents de rayons diversement colo-

_____

(1) Luc, xx, 26.

rés ; ces cieux d'où sont bannies et la nuit, qui est la
sœur de la mort, et les froides ténèbres, qui sont la mort
même ; ces cieux dont les habitants, ignorant le sommeil et le repos, débordent sans doute d'activité, de vie
et de joie, ne sont-ils pas ceux auxquels aspirent, du
milieu des douleurs, des mensonges et des souillures de
la terre, nos âmes avides de sainteté et de vérité, de
consolation et de paix ? C'est bien là que toute larme
sera essuyée de nos yeux.

En nous y promenant en esprit, nous assistons comme
par anticipation, mais de loin, à ces mystères de la bien-
heureuse éternité, auxquels sont initiés déjà ceux de
nos frères en la foi qui nous ont devancés au delà du
sépulcre. Nous sentons notre imagination déployer des
ailes immenses ; notre cœur se dilate comme celui d'un
Dieu ; notre sein aspire un air tout saturé de vie et
d'immortalité ; notre intelligence, secouant les lourdes
chaînes de notre corps grossier et corruptible, parcourt
avec la rapidité de la vue et de la pensée les espaces
éthérés, et notre âme s'entr'ouvre à cette félicité divine,
journalière nourriture des anges, qui plonge les êtres
dans de ravissantes extases où les siècles ne sont plus
que de courtes heures et où le temps se confond avec
l'éternité. Alors, nous comprenons ce que dit l'Apôtre,
que « mille de nos années terrestres sont pour Dieu
comme un jour ; » les soixante siècles de l'humanité ne
sont plus que la courte et décisive bataille où le Christ
a terrassé Satan et rétabli l'harmonie dans le seul coin
de l'univers où elle avait été troublée ; cette « terre
nouvelle et ces cieux nouveaux » qui suivront la résurrection, c'est le système solaire purifié de toutes les

souillures du péché, et rendu participant de la gloire
des autres étoiles ; cette vie éternelle, promise aux
croyants, qui auront à gouverner les uns dix villes, les
autres cinq (1), c'est la vie présente des Trônes, des
Puissances, des Principautés, de tous ces archanges et
de ces anges (2), qui ont, eux aussi, leurs occupations
et leurs charges.

Et lorsque notre esprit, redescendant de ces hautes
et sereines régions vers la terre, y retrouve toutes les
plausibles raisons qu'il avait pour ne pas croire au Dieu
de la Bible, comme elles lui semblent étranges ! O Dieu,
toi qui as créé plus de mondes que nous n'en pourrions
compter dans le cours entier de notre vie, et qui les as
distribués d'après un plan que devine à peine notre
ignorance, nous assignerions des bornes à ta puissance
et à ta sagesse, et dirions que tu ne peux suspendre quelques instants par des miracles les lois que tu as établies ! La moindre de tes œuvres est pour nous un insondable mystère, et en face de ces cieux qui nous
écrasent sous le poids de leurs insolubles énigmes,
nous prétendrions connaître si bien ton intime essence,
que nous déclarerions impossible la venue en chair de
la Parole éternelle ! Ta toute-puissance, telle que les
cieux nous la révèlent, dépasse toutes les limites de notre intelligence, et ton amour serait si peu de choses,
que tu entendrais sans t'émouvoir nos cris d'angoisses,
nos prières ardentes, nos soupirs de délivrance et n'en-
verrais pas ton Fils pour ramener au bercail les brebis

(1) Luc, 19, 18-19.
(2) Éphés., 3, 10. Coloss., 1. 16.

égarées ! Ou ta justice serait si peu jalouse de ses droits
qu'elle nous laisserait impunément transgresser les lois
universelles et blasphémer ton saint nom ! Tu es Dieu,
nous ne sommmes que poudre, tu nous sauves à ta
manière, et nous te dirions : « Tu t'y es mal pris. » O
folie ! folie de l'homme qui ne comprend rien aux œuvres de Dieu dans le ciel, à peu près rien à ses œuvres
sur la terre, et qui juge et critique Dieu lui-même, ou
ne se souvient pas de lui, ou le nie ! folie contre laquelle protestent nos meilleurs instincts, et que met à
nu l'astronomie ! Oui, le Dieu des astres est bien celui
de la révélation. Le nom de l'un comme celui de l'autre
est *l'admirable.* C'est un Dieu dont « les pensées sont, »
dans la nature non moins que dans la grâce, « aussi
élevées au-dessus de nos pensées que le ciel l'est au-
dessus de la terre » (1). Heureux, mille fois heureux ceux
qui savent s'agenouiller devant Lui dans l'humble silence de l'adoration ! Plus heureux encore ceux à qui il
serait donné d'en haut d'incliner le cœur d'un seul de
leurs frères à L'adorer et Le servir avec eux !

(1) Esaïe, 55, 9.

TABLE DES MATIÈRES

VERSAILLES. — IMPRIMERIE CERF, 59, RUE DU PLESSIS.

OUVRAGES DU MÊME AUTEUR

Précis de Géographie comparée, Neuchâtel, 1831. (Épuisé.)

Précis d'Ethnographie, de Statistique et de Géographie historique, ou Essai d'une Géographie de l'homme. 1835-1838. 2 volumes.

Manuels de Géographie topique (3e édition, 1851) **et de Géographie politique** (1838), adoptés par la Commission d'Éducation de la ville de Neuchâtel.

Description de la Terre-Sainte, d'après l'allemand de A. Brachm. 1837. (Épuisé.)

Rapports sur l'Éducation publique dans la principauté de Neuchâtel. 1833 et 1837.

Poésies neuchâteloises de Blaise HORY, pasteur à Gléresse au XVIe siècle. 1841.

Les Individualistes et l'*Essai* de M. VINET *sur la séparation de l'Eglise et de l'Etat.* Neuchâtel et Paris, 1844.

Du Monde dans ses rapports à Dieu, d'après la Bible et d'après les philosophes. 1841.

Le Catholicisme d'Orient et d'Occident, par F. DE BAADER. Traduit de l'allemand.

Explication du livre de l'Ecclésiaste. 1844.

Explication des douze derniers livres prophétiques de l'Ancien Testament. 1841-1845.

La réconciliation des partis à Neuchâtel, tentée par un patriote. 2e édition. 1848. (Épuisé.)

Histoire de la Terre d'après la Bible et la Géologie. Genève et Paris, 1856.

Christ et ses Témoins, ou Lettres d'un laïque sur la révélation et l'inspiration. Paris et [...] 56. 2 vol.

Le Peu**rit.****re et sa ci-**

9 782019 687021